コンピュータビジョン最前線

CV

Spring 2024

デザイン生成AI・データセントリックAI

JN046977

共立出版

コンピュータビジョン最前線

CV

Spring
2024

Contents

面白い研究・価値ある研究

■延原章平

　博士課程学生だった 2000 年代半ば，指導教員から「いまのコンピュータビジョン分野は，後に何の時代と呼ばれるようになると思うか？」と問いかけられた。1970 年代，80 年代，90 年代はそれぞれこういう見方ができるという例を示してくださった上で，2000 年代の 10 年間が半分ほど過ぎようとしているときに，さてどのようにこの分野の残り 5 年の流れを俯瞰して予想することができるだろうかという問答であったことを覚えている。そのころはちょうど，グラフカットや Belief Propagation といった最適化手法や，さまざまな統計的機械学習の手法によって，これまでのコンピュータビジョンの各問題を捉え直しているようなタイミングであった。各年代をどのように総括するかは研究者それぞれだが，その後の 2010 年代が深層学習の時代であったことは多くの人が同意するであろう。

　深層学習によって，それまで研究としては面白いけれども実際に役に立つかは疑問といわれることもあったコンピュータビジョンが，実際に使える技術へと急速に変貌していった。その結果，コンピュータビジョンは多くの人をひきつけて，数多くの研究がトップカンファレンスに投稿されるようになり，その数は年々増える一方である。また，投稿数と比例するかのように，深層学習で用いられる訓練データのサイズやモデルパラメータ数も拡大し続けており，再現実験を行うための環境を用意すること自体が現実的ではない論文も珍しくなくなった[1]。

　このような状況を映してか，昨年の CVPR で「GPU 1 枚までセッション」といったレギュレーションつきの採択枠を作ってはどうか，という発言を耳にした。この発言自体は半ば冗談であったが，計算リソースの違いがそのままベンチマークでのパフォーマンスの違いになり，ひいては論文の採否を左右することはフェアなのかという議論は，大いに盛り上がっていたと思う。

　この発言を聞いたとき，私が考えていたのは「それは何のため，誰のためだろう？」ということであった。スパコンの電力当たり性能を競う Green500 のようなものと理解するならば，リソースの多寡によらないという意味でフェアな評価になるだろう。実際に，同じ CVPR のあるワークショップ講演において

[1] CVPR の原稿テンプレートは昔からアポロ月着陸船を用いた実験の例文で匿名性について説明しているが，いまなら「最新の GPU を○台△時間使用して」という記述から，著者や所属組織を推測できるのかもしれない。

2) あるいは正規化するのではなく上限を設定すれば，エッジデバイスを想定したベンチマークになるのかもしれない。

も「コストで正規化した指標が必要で，さもなければ大学と潤沢な資金をもつ企業とは勝負にならない」という主張があった[2]。

ベンチマークという共通の指標を基準にして改善を続け，その改善が実応用にも反映されることには，間違いなく価値がある。そしてベンチマーク競争が熾烈であるほど，つまり多くの人がその競争に参入するほど，性能向上はきっと速い。ということは，多くの人が参入し続けることができるように指標をフェアにすることは理にかなっているように感じる。

しかし，今のトップカンファレンスでの過熱した改善競争の状況は，レッドオーシャンそのものに見える。そこに加えてベンチマークをよりフェアにした新たな評価尺度を提供することは，本質的に，より多くの競争相手が参加可能となってレッドオーシャンがさらに極まるのではないだろうか。先の発言の真意はわからないが，ベンチマーク/SOTA至上主義ともいえるこの手の競争に参加し続けたいという人も多いのだな，と一教員の立場から考えた次第である。

では，皆さんにとって面白い研究・価値ある研究とは何だろうか。ある分野を私が勝手にレッドオーシャンと感じていたとしても，多くの人が取り組むということには，相応の魅力があるはずである。ベンチマークでSOTAを達成することかもしれないし，それによる性能改善の恩恵を一ユーザーとして受けながら，何か自分にとって実現したい将来技術や解決したい社会問題に取り組むことかもしれない。あるいは，新たな物理モデルや計測方法を考案することかもしれないし，そもそも視覚の仕組み自体に興味があるという人もおられよう。

深層学習以後のコミュニティ規模の拡大は，当たり前のことだが研究者の多様化をもたらし，「何を面白いと思い，何に価値があると思うのか」という立場の違いも大きくなった。その結果，国際会議の様相は大きく変わってしまったが，多様な研究者が思い思いの方向に独自の研究を進めることと，多数の研究者が同じテーマで競争して性能を次々と向上させることを，同時に進めることができる現在の状況は，分野全体として望ましいことに思う。次の方向性は，いまは評価されていない研究から生まれるかもしれないし，あるいは性能が一定レベルを超えることで急に何かが花開くことによって決まるのかもしれない。

本書がお届けするコンピュータビジョンの「最前線」も，幅広い方向性を示す記事と，より深く深層学習技術の性能向上を目指す記事から構成されている。深層学習を用いて新たな課題に挑戦する記事として，山口光太氏に「イマドキノデザイン生成」，井上直人氏に「フカヨミ レイアウト生成」，五十川麻理子氏に「フカヨミ さまざまな入力と人物状態推定」を，また，より実応用に向けたデータセットの構築・評価に関する記事として，中島悠太氏，廣田裕亮氏，Noa Garcia氏に「フカヨミ AIに潜むバイアス」，宮澤一之に「ニュウモン Data-Centric AI」をご執筆いただいた。読者の現時点での研究に直接関連するトピックでな

かったとしても，あるいは，普段は論文に目を通さないトピックであるがゆえに，新しい考え方や応用の着想を得るきっかけになることを願っている。

さて，2020 年代が後にどのような時代として呼ばれるかはわからないが，これから 5 年後 10 年後のトレンドを作るのは，いまの学生である。ということは，いまの学生に何を伝えるかは，後にこの時代を言い表すキーワードに少なからぬ影響を与える。では，現時点で教科書を書くとしたら，どのような構成にするべきだろうか。あるいは，講義をするとしたらどのようなシラバスだろうか。言い換えると，これまでのコンピュータビジョンの歴史の中で，皆さんなら学生に何を学んでもらい，将来に備えてほしいだろうか。

この取捨選択にも各人各様の「面白い」や「価値がある」の観点が反映されるであろうけれども，2010 年と 2020 年の教科書やシラバスを見比べれば，執筆者個人の嗜好によらず，間違いなく深層学習の章が追加されているだろう。つまり，好むと好まざるとにかかわらず，もはやこれなしでは分野が成立しないというものが，その時代を代表するキーワードである。本書の各記事は，いずれもこの年代を代表するキーワードになりうる要素を含んでいる。本書をきっかけとして，最前線の先にある将来を想像していただきたい。

のぶはら しょうへい（京都工芸繊維大学）

イマドキノ デザイン生成
AIはグラフィックデザイナーになれるか

■山口光太

1 はじめに

　グラフィックデザインは，見る人にメッセージを伝えるために，文字，イラスト，写真などさまざまな要素を掲出媒体に合わせて構成すること，あるいはそれによる表現物を指します。グラフィックデザインそのものは芸術の1つとして位置付けられますが，その制作技法に目を向ければ，コンピュータグラフィックス領域の技術がたぶんに活用されています。ポスターのような比較的単純なグラフィックデザインにおいて，CAD（computer-aided design）ツールを使って2次元の紙面上に文字などを描画する際も，文字形状を示す字体（グリフ）を図形としてどのように表現するのか，そしてそれらの文字をデバイス上ではどのようにラスタ表現として出力表示するのか，といった工程をこなすCADツールの根本には，古典的なコンピュータグラフィックスの技術がふんだんに使われています。

　近年は，データから導かれる統計的知見を使った強力な制作支援機能をCADツールに付加したり，デザイン制作そのものを機械学習手法により自動化したりするための研究が見られるようになってきました。グラフィックデザインの理解と生成に関する研究には，図形，レイアウト，タイポグラフィ，色彩など，デザインを構成する個別の要素に関するものから，全体を繋いでデザインを出力するものまで，さまざまな取り組みが存在します。

　本稿では，グラフィックデザインの理解と生成にまつわるそれぞれの取り組みについて，個別の対象ごとにどのようなタスクが存在し，どういったアプローチがとられているのかを研究事例ベースで広く紹介し，読者の皆様がこの研究領域を理解する手助けになることを目指します。本節では，それに先立って，グラフィックデザインのデータ形式，また，最近の画像生成の研究とのかかわりについて解説します。

1.1 ラスタ形式とベクタ形式

　グラフィックデザインであれ写真であれ，デバイス上では，デジタル画像はピクセルの2次元配列として表示されます。一般的なデバイスでは，1つ1つのピクセルは赤，緑，青の24-bit RGB形式で表現され，各色の輝度値の組み合わせにより色が構成されます。このピクセルによる画像表現はラスタ形式と呼ばれ，ディスプレイデバイス上での画像の表示には必須ですが，デザイン制作作業には適さないことがあります。人手で200×200ピクセルの画像のドットを何もないところから絵付するのは，相当な労力を必要とします。プレゼンテーションスライドをドット絵で制作することを想像してみると，その苦労がわかるのではないでしょうか。もちろん写真のように，そもそもラスタ形式でしか入手できない画像を編集する場合には，ドットを編集することになります。ペイント系のCADツールは，ラスタ形式のまま画像を編集することを主眼としたオーサリングツール[1]で，ブラシツールのような機能で絵付をすることができます。Adobe PhotoshopやGIMPが代表的なペイント系のツールです。

　ペイント系のCADツールのほかに，グラフィックデザイン制作ではベクタ形式のオーサリングツールがよく使われます。Adobe IllustratorやInkscapeといった製図系のCADツールが代表的です。これらのツールでは，一般にベクタ形式と呼ばれる，物体の幾何形状とその属性の記述によって画像を表現します[2]。たとえば直線，円，長方形などの図形の形状や，その色と塗り方に関する指示をデータ構造として表現します。

　ベクタ形式のツールでは，ユーザーはレイヤーと呼ばれる，物体を記述するための階層構造のデータをキャンバスに追加していくことで制作を進めます。レイヤー単位で色を変更したり，物体位置を移動させたりすることができるため，デザインの再編集が容易になります。文字も曲線から構成される図形と見なすことができ，レイヤーの1つの種類として扱われます。レイヤーの順序は，どの物体を先に描画するかを規定します。

　ベクタ形式の画像はそのままではディスプレイデバイスに表示できないため，ラスタライズ処理をすることでラスタ形式に変換し，デバイスに表示します。このラスタライズ処理は，一般にオペレーティングシステム，Webブラウザ，あるいはCADツールに実装されています。

1.2 ラスタ画像生成とグラフィックデザイン

　近年はStable Diffusion [1]，DALL-E 2 [2]，Glide [3]，Imagen [4]をはじめとする，大規模モデルによる画像生成が話題になっています。シーンレイアウトによる生成画像の制御手法 [5] や，個別の対象物を狙っての生成手法 [6] な

[1] デジタルコンテンツ制作に使われるソフトウェア。

[2] ペイント系ツールも，一般に内部的にはベクタ形式の内部データを保持しますが，基礎となるのはピクセルの保存に適したデータ構造です。

ど，画像生成の制御に関する研究も多数見られるようになっています。

こうしたラスタ画像生成手法は目覚ましい発展を遂げており，今後グラフィックデザインの制作工程に何らかの形で取り入れられることが予想されます。たとえば，これまでストックフォトサービス[3] から検索し利用していた素材画像が，目的に合った画像生成に置き換わるといったワークフローの変化は，すでに起きています。一方で，ラスタ画像生成手法のみで完全に目的に合致したグラフィックデザインを制作する技術は，たとえばデザイナーがペイント系 CAD ツールでピクセルのレタッチをする工程が必要になるというように，今のところ品質面が不足し，実応用にそのまま適用することは困難です。

また，ラスタ画像生成手法で文字を生成画像に含もうとすると，文字ごとのグリフ形状を適切に学習しない限り，スペルミスのようなエラーが頻発することが報告されています [7]。文字の描画品質を上げる取り組み [8] も見られるものの，デザイナーが製図系 CAD ツールで文字を再編集できるような応用は，今のところありません。

現在のラスタ画像生成手法は良くも悪くも，いわばテクスチャの生成ができるというものであり，グラフィックデザイン制作の文脈では，制作ワークフローに含まれる多数のタスクの 1 つとして捉えるのが適切に思われます。

3) Adobe Stock, Shutterstock, Getty が代表的。

2　図形の生成

ベクタグラフィックスは，ベクタ形式の幾何情報を表現単位とした図形の描画です。2 次元のベクタグラフィックスでは，描画パスを考えることが基本となります。描画パスはキャンバス上の点の系列として構成されるデータ構造で，パス上の点と点を繋ぐ線を描画していくことで，スケッチや図形を表すことができます。パスの点の間を線分で描画する場合はポリゴンとして図形が表現され，各点に制御点の情報を付加することで，ベジェ曲線により図形を表現することが可能になります。一般的にデザインオーサリングツールでパスと呼ばれるものは，直線やベジェ曲線を接続したものを指します。オーサリングツールでは，このような図形と，塗り，縁どり，シャドウといった特殊効果などの描画属性情報を組み合わせ，ラスタライズ処理を施して最終的な画像を描画します。

図 1 にベクタ形式の図形描画の例を示します（DeepVecFont の形式 [9]）。この例では，アルファベットの "D" を 2 つの描画パスにより表現しています。1 つ目のパスは外側の時計回りのパスであり，描いた輪郭の内側を塗ります。2 つ目のパスは内側の反時計回りのパスで，塗りの穴を表現します。パスは `MoveTo`, `LineTo`, `CurveTo`, `EOS`（描画終了）といった描画コマンド群から構成され，そ

```
Path 1
1.  MoveTo    (x1, y1)
2.  LineTo    (x1, y1)
3.  CurveTo   (x1, y1, x2, y2, x3, y3)
4.  CurveTo   (x1, y1, x2, y2, x3, y3)
5.  LineTo    (x1, y1)
6.  LineTo    (x1, y1)
Path 2
7.  MoveTo    (x1, y1)
8.  LineTo    (x1, y1)
9.  CurveTo   (x1, y1, x2, y2, x3, y3)
10. CurveTo   (x1, y1, x2, y2, x3, y3)
11. EOS
```

図 1　ベクタ形式の図形描画の例。一連のコマンドとその引数で構成された 2 つのパスの系列によりアルファベットの "D" を表現します。左図の赤丸はコマンドに入力される通過点および制御点を示します。時計回りのパスが塗り，反時計回りのパスが図形の穴を表現します。

れぞれのコマンドは引数として座標をとります。CurveTo は 3 次ベジェ曲線を描くコマンドで，制御点 2 つと通過点 1 つからなる 6 引数をとります。狭義のベクタグラフィックスの生成は，こうした一連の図形描画コマンドの生成を意味します。

2.1　スケッチ生成

　近年のスケッチ生成に関する研究は，描画パスを生成する機械学習手法が中心になっており，SketchRNN [10] を端緒として発展してきました。SketchRNN は，再帰型のニューラルネットワークである LSTM を用い，ポリゴンとして表現されるスケッチの点系列データを変分オートエンコーダ（VAE）に学習させることで描画パスを生成できるようにしたもので，学習済みモデルからスケッチの生成や補間が可能であることを示しました。

　SVG-VAE [11] は，4 種の SVG（scalable vector graphics）コマンドを対象として LSTM によりコマンド系列のデコーダを学習させることで，フォントの生成が可能になることを報告しています。DeepSVG [12] では，再帰型ではない Transformer アーキテクチャを重ねて，任意数の任意長 SVG コマンド系列を生成させています。モデルそのものは VAE であるため，潜在空間での線形補間によるスケッチの生成も可能です（図 2）。SketchGen [13] は，部品製図のスケッチを対象として CAD に合わせた図形の文法的制約を考案し，複雑な形状の生成を可能にしています。

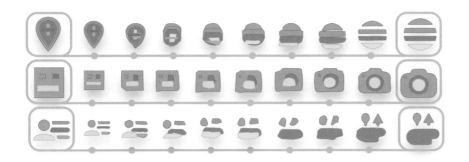

図 2　DeepSVG（[12] より引用）。DeepSVG では，スケッチの潜在空間を線形補間することにより，2 つのスケッチを補間したスケッチを生成することができます。3 種類のスケッチについて，左のスケッチが右のスケッチに徐々に変形している様子が見て取れます。

2.2　微分可能なラスタライズ処理

　ベクタ形式での図形の生成問題は，SVG コマンド列の生成という形でモデル化されてきましたが，その生成モデルの学習は，あくまで系列データに対してのフィッティングが主であり，最終的な画像としての見た目を考慮した学習手法にはなっていませんでした。このため，データ形式は似ていても見た目が大きく損なわれた図形が生成されることもありました。そのような中，Li らによって 2020 年に発表された微分可能なラスタライズ手法 DiffVG [14] は，ベクタ形式の幾何的な情報表現とピクセルを繋ぐ画期的なものでした。DiffVG は，画像認識で広く使われるラスタ画像向けのモデルから得られる損失情報を，勾配降下法によりパラメトリックな幾何情報表現や色などの属性の最適化に直接利用できます。ラスタライズ処理を組み込むことで，ベクタ形式の幾何情報からピクセルまでを単一のニューラルネットワークで扱えるようになります。これにより，図 3 に示すように，ベクタ形式情報の局所的なラスタ画像への適合，絵画調のレンダリング，画像のベクタ化，シームカービングといった応用が実現できます。

　2 次元グラフィックスにおけるラスタライズ処理は，パスの記述から構成されるベクタ形式の幾何情報を，2 次元平面に並ぶ各ピクセルの輝度値へと変換する処理です。古典的なラスタライズ処理は，大まかには座標上の走査線（スキャンライン）が図形を表現する閉鎖パスと何回交差するかを計算することで，各ピクセルの位置が図形の内側か外側かを判定し，指示された塗りの処理に従ってピクセルを色付けします[4]。こうしたラスタライズ処理では，3 次ベジェ曲線の交差判定に 5 次の多項式の根を解くことが求められ，その解法は微分可能な形では定式化されてきませんでした。DiffVG [14] はアンチエイリアス処理を利

[4] ラスタライズ処理の詳細は，コンピュータグラフィックスの教科書を参照してください。

(a) ベクタ適合

(b) 絵画調レンダリング

(c) 画像のベクタ化

(d) シームカービング

図 3　DiffVG（[14] より引用）。微分可能なラスタライズ処理により，(a) 局所的なラスタ画像へのインタラクティブな適合，(b) 絵画のようなレンダリング，(c) 画像のベクタ化，(d) シームカービングなどの応用を可能にしています。

用し，モンテカルロ法または解析的な近似手法を用いて微分可能なラスタライズ処理を実現しています。

　ラスタライズ処理が微分可能になったことで，与えられたラスタ画像に似せるようにベクタ形式のデータを求めるという，逆方向の問題を解く提案が見られるようになってきました[5]。Im2Vec [15] は，ラスタ画像をベクタ形式の描画パスに変換する手法です。ラスタ画像をエンコードし，自己回帰型のデコーダを介して描画パスを生成します。生成された描画パスに対して微分可能なラスタライズ処理をすることで，任意のラスタ画像からベクタ形式のパス生成モデルを学習させています。CLIPDraw [16] や VectorFusion [17] は，入力したテキストからイラストを生成させる研究です。CLIPDraw は，事前学習済みの CLIP エンコーダを用いて，テキストの記述と描かれるイラストの類似性を高めるようにベジェ曲線群を最適化することで，イラストを生成します。ベジェ曲線群は，微分可能なラスタライザを用いることで，勾配降下法により直接最適化します。VectorFusion も同様に，テキスト記述とイラストの類似性を高めるように最適化しますが，潜在空間で生成モデルを活用した手法により画像を生成します。

　微分可能なラスタライズ処理により，近年の深層学習ベースの手法を直接ベ

[5] 微分ができると，勾配降下法で効率良く逆問題の解を探索できます。

クタグラフィックスの最適化に適用できるようになり，さまざまな応用が考案されるようになってきました。本稿では紹介しませんが，微分可能なレンダリングを活用した3次元コンピュータグラフィックスの研究も数多く見られるようになりました [18]。グラフィックデザインの制作でも，ベクタグラフィックスによる編集工程が基本となるため，今後グラフィックデザインを対象とした種々の最適化手法が登場すると予想されます。

3 タイポグラフィの生成

タイポグラフィは視認性，可読性をもって美しく文字を配置する芸術およびその技法のことを指します。タイポグラフィそのものは活版印刷とともに発展してきた，歴史上古くから存在する技芸ですが，紙面への印刷を前提とした文字組みからデジタルデバイスでの文字表示へと，時代とともにその技術的な側面は様変わりしてきました。コンピュータ上でのデスクトップパブリッシング (DTP)[6] が一般化してからも，タイポグラフィにかかわるソフトウェア技術は，多くの手法の積み重ねによって進歩してきました。グラフィックデザインにはほとんどの場合文字が含まれることから，タイポグラフィの技法はグラフィックデザインを構成する重要な要素となっています。

デバイスへの文字の表示という技術的側面では，指定されたフォントで文字をどのようにディスプレイに描画するかというプロセスがあり，それは文字を表すグリフ形状の描画，つまりは文字を形作る曲線を構成するパスの描画プロセスにほかなりません。フォントは字体（タイプフェイス）に斜体などのスタイルを含めたグリフ形状の集合を指します。近年のコンピュータ上では，TrueType，OpenType，Web Open Font Format（WOFF）といったファイル形式でフォントを取り扱います。これらのフォントの中身は，基本的には文字を表すグリフ形状の記述です[7]。一般には，オペレーティングシステムや CAD ツールに実装された文字の描画機能により，こうしたフォントデータを使って，指定されたグリフをラスタライズして表示します。たとえば，Windows OS では GDI と DirectWrite，macOS では CoreText，オープンソースのライブラリでは FreeType といった文字のラスタライザが存在します。

タイポグラフィの描画処理そのものは，内部的にはベクタグラフィックスの描画処理と同一ですが，テキスト描画の汎用性やグリフに関する独特のデータ構造の存在から，タイポグラフィを対象とした研究がいくつも見られます。この節では，グラフィックデザインへの応用を念頭に置いて，タイポグラフィに関するいくつかの研究トピックを紹介します。

[6] コンピュータによる原稿作成，編集，デザイン，組版などの出版プロセスのこと。

[7] ビットマップを格納したフォントも存在します。

3.1 フォントの認識

ラスタ画像に描画されるテキストは，文字列だけではなく，そのフォント，サイズ，字間，色など多数の属性情報をもっています。文字列の認識は光学的文字認識（OCR）として長く研究されてきましたが [19][8]，ラスタ画像に含まれるテキストから，文字列の認識に加えてベクタ形式の属性情報を抽出する研究が，いくつか見られるようになってきました。Chen らは，画像特徴量をもとにタイプフェイス，フォントウェイト，傾きを判別する手法を提案しています [20]。DeepFont [21] は，深層学習ベースでフォントを認識する最初のモデルで，フォントの認識と類似フォントの推薦をすることを目的としていました。

フォントの認識は一般的な画像のカテゴリ分類問題に似ていますが，異なるフォントでも，それらに含まれるのは有限個の共通する文字であることと，フォントは人がデザインできるものであり，カテゴリ数は任意であることが，フォントの認識特有の問題設定となっています。このことから，Chen らによるフォントを識別・推薦する試み [22] では，有限のカテゴリではなくフォントの埋め込み表現を学習し，その埋め込み空間での最近傍探索によりフォントを選別する手法をとっています。

Shimoda らは，テキスト画像のベクタ化を目的として，OCR とともにテキストを再描画するのに必要なスタイル情報を抽出する手法を提案しています [23]。フォントや文字サイズなどのスタイル情報の認識はいわゆる属性認識と呼ばれるタスクであり，Shimoda らの手法は，OCR と同様の文字検出の後，文字領域に対して個々の属性を認識するモデルを適用しています。

フォントの認識は商用サービスでも見られるようになっており，たとえば Adobe Photoshop のマッチフォント機能は，指定された画像領域に含まれる文字に最も近いフォント候補を提示します。欧文フォントが対象であれば，このほかにも Monotype 社が運営する MyFonts において，What The Font サービスが提供されています[9]。

3.2 ラスタテキストの直接編集

ラスタ画像に描画されたテキストをベクタ化せずにそのまま編集したりスタイルを変換する試みが，いくつか提案されています[10]。これらは画像のスタイル変換手法 [24] をベースにしているもので，ラスタテキストの編集を，参照スタイルをもとにしたラスタ画像からラスタ画像へのスタイル変換問題として捉え，そのプロセスで背景画像の埋め合わせ（インペイント）やテキストのグリフに関する処理を行います。SRNet [25] は，ラスタ形式のテキスト画像と参照

8) 1914 年に Emanuel Goldberg らが作った電信向け文字読み取り装置が，最初の OCR 装置といわれています。

9) https://www.myfonts.com/pages/whatthefont

10) 再編集の必要がなく，解像度を気にしない用途なら，すべてラスタ画像で完結できます。

スタイル画像を受け取り，スタイルをテキストに転移した画像を出力する，エンコーダ・デコーダ型のモデルです。テキスト入力からグリフのスケルトンを抽出するモジュールと，参照スタイル画像の背景を埋めて抽出するモジュールを組み合わせ，最終的にデコーダからスタイルを転移した画像を出力します。Awesome Typography [26] は，炎やネオンのような特殊効果が施された文字画像を統計ベースの最適化により生成する手法を提案しています。Yang らは，ラスタ画像のスタイル変換と同様の考え方で，2段階の特殊効果転移を提案しています [27]。TET-GAN [28] は，グリフ画像とスタイル情報を分離して学習させることで，入力されたグリフ画像からのスタイル除去を可能にしつつ，見た目の品質が良いスタイル変換を施すことを目指しています。

　シーン画像のテキストを編集することを目的にしたものでは，Yang らが，文字の制御点を使って変形した文字配置に対応したシーンテキストの編集手法を提案しています [29]。STEFANN [30] は，参照画像から文字単位でマスクを生成し，色を転移させるシーンテキスト編集手法を提案しています。

　テキストを含むラスタ画像の生成モデルも見られるようになりました。Glyph-Draw [8] は，潜在空間拡散モデルを利用したテキスト付きシーン画像生成手法です。テキストプロンプト，文字領域，ターゲットとする文字画像を Text-to-image 生成モデルに条件として入力して，シーン画像を生成します。TextDiffuser [31] は，まず入力テキストプロンプトからテキストマスク画像を作成し，その後に全体画像を生成するという2段階の画像生成手法をとっています（図4）。テキストマスク画像は人手で作成したテンプレートを利用することも可能になっており，これによりユーザーが生成画像を制御することができます。また，マスクを局所的に使うことで，画像の中にテキストを埋め込むことも可能です。

3.3　フォントの生成

　フォントの制作はタイポグラファーにとって工数のかかる作業で，パラメトリックにフォントを生成するメタフォントシステム [32] をはじめとした，グリフを生成することでフォント制作を支援する技術が，古くから開発されてきました[11]。フォントの生成には，少数のグリフからすべての文字のグリフを自動生成する目的のものと，まったく新しいフォントを既存フォントから作り出す目的のものが存在します。近年の機械学習ベースのフォント生成手法は，ベクタ形式でグリフを生成するものと，ラスタ形式のグリフ画像を生成するものに大別されます。

　ベクタ形式のフォント生成は，パラメトリック表現によりグリフやその構成パーツを制御する手法 [33] がコンピュータグラフィックス領域で長らく研究されてきており，OpenType GX や Adobe Multiple Masters のように標準規格化

[11] 言語によってもフォント制作工数は大きく異なり，日本語のように文字数が多い言語では，1つのフォント制作は複数年単位の工数がかかるものとなっています。

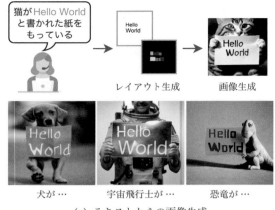

(a) テキストからの画像生成

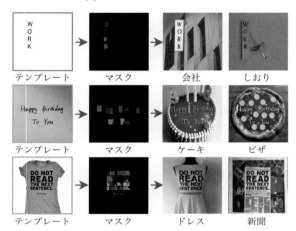

(b) テンプレートを使った画像生成

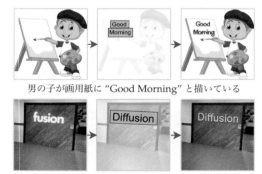

(c) テキスト画像の埋め込み

図 4　TextDiffuser（[31] より引用）。TextDiffuser は，(a) テキストマスク画像を生成し，それを条件入力として最終的な画像を生成します。(b) テキストマスク画像に外部からもってきたテンプレートを用いた生成も可能です。(c) 背景画像を入力して文字のみを描画させるインペイントも可能です。

されている手法もあります。パラメトリック表現によるフォント生成は，グリフごとに同数の制御点をもつ複数のベジェ曲線を保持し，それらの制御点を線形補間することで，自在にグリフ形状を変形させるというものです。たとえば，フォントファミリーを制作する際，レギュラー，太字，斜体のグリフ形状のみ手作業で制作し，細字，中太字，太字斜体のようなグリフ形状は，すでに制作した字体の線形補間により自動的に生成します。Suveeranont らは，参照グリフのアウトラインをもとに新しいフォント全体を補間により生成する手法を提案しています [34]。Cambdell らは，最適化によりフォントの多様体空間を学習し，多様体空間上での補間からフォントを生成する手法を提案しました [35]。

ラスタ形式のグリフ画像の生成は，一般の画像生成や画像のスタイル転移に問題設定が似ています。Azadi らは，GAN を用いて少数の参照グリフから残りのグリフをすべて生成する手法を提案しています [36]。Wang らは，属性情報を入力として，ニューラルネットワークによりラスタフォントを生成する試みを報告しています [37]。Cha らは，韓国語やタイ語のように，部位の組み合わせで文字を表記する言語向けの，部位単位のメモリ構造をもったエンコーダ・デコーダを提案しています [38]。

近年は，深層学習をベースにしてベクタ形式のフォント生成をする試みが見られるようになっています[12]。DeepVecFont [9, 39] は，ラスタ形式とグリフの図形から潜在表現を同時に学習するエンコーダ・デコーダモデルを提案し，少数の参照グリフからのグリフ生成，複数フォントの中間のフォントの生成，フォントのランダム生成など，さまざまなフォント生成タスクで良い性能を実現したことを報告しています（図 5）。Liu らは，深層学習による潜在表現を用いて，解像度によらずにグリフを生成する試みを報告しています [40]。

ベジェ曲線のようなパスを直接利用するのではなく，ニューラルネットワーク自体を形状を表す潜在関数として定式化する手法（Neural Implicit Representation）によるフォント生成の試みも見られるようになりました。潜在表現では，符号付き距離関数（signed distance function; SDF）と呼ばれる形状境界からの距離場の表現を，直接ニューラルネットワークとして学習します。Reddy らは，複数の SDF を用いて，グリフによくある鋭いエッジのような境界を表現することを提案しています [41]。VecFontSDF [42] は，潜在表現のままでは TrueType のような一般的なフォントを生成できないことから，SDF による潜在表現からベジェ曲線を得る後処理を用いた手法を提案しています。Chen らは，SDF に加えてコーナー場という潜在表現を合わせて用いることで，高品質かつコンパクトなベクタ形式のフォントを生成できる手法を提案しています [43]。

[12] 描画パスのような構造的なデータを扱えるニューラルネットワークの発展が影響しています。

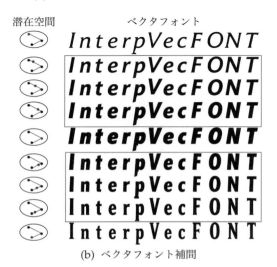

(a) 少数サンプルからのベクタフォント生成

(b) ベクタフォント補間

図 5　DeepVecFont（[9] より引用）。DeepVecFont は，ベクタ形式とラスタ形式の両方からエンコーダ・デコーダを学習させることで，(a) 少数の文字から残りのグリフを生成したり，(b) ベクタ形式で 2 つのフォントの中間のフォントを補間により生成したりする応用が可能になることを示しました。図 (a) では，A と B のフォントを入力して残りのアルファベットのフォントを生成しています。図 (b) の赤枠で囲った部分は，補間により新しく作られたフォントです。

3.4　フォントの推薦

　文書全体の中でどのフォントをどのスタイルで使うべきかを決めるのは，グラフィックデザイナーが日々直面する問題です[13]。デザイナー支援を念頭に，機械学習ベースでフォントを推薦する試みが見られます。Zhao らは，Web ページのテキストにどのフォントを使うべきかを推定させる深層学習ベースのモデルを構築しています [44]。入力として，テキスト，テキスト周囲とページの画像，Web ページのタグなどを受け取り，フォントの埋め込み空間のコードを出力し，

[13] 使えるフォントの種類は環境に依存します。そこで，たとえば PDF ファイルでは，フォントをファイルの中に埋め込むことで，どの環境でも表示できるようにしているのが普通です。

最も近いフォントを選ぶ手法です。Visual font pairing [45] で，Jiang らは Web から収集した PDF ファイルのデータセットを構築し，ヘッダと本文のフォントの組み合わせを学習しています。Choi らは，ユーザーがフォントを選択する際に，推薦，説明，フィードバックをするシステムを提案しています [46]。Chen らは，タグから適切な印象をもつフォントを推薦する手法を提案しています [22]。

4 レイアウトの生成

グラフィックデザインにおいて，どの要素をどのように配置するかを規定するのが，レイアウトまたは構図です。レイアウトは，グラフィックデザインを掲載する媒体による制約と，人間の心理・物理特性による制約を受けます。たとえば，一般的な印刷物では A4 サイズの紙面，コンピュータ上のスライドショーでは横長の長方形のキャンバス形状のスライド系列，Web ページでは縦方向にスクロール可能なページといったように，掲載媒体によってレイアウトの前提条件は大きく異なります。また，人間の視線の移動を考慮して，どういった空間配置にすると視認性が良くなるかを考慮する必要があります。グラフィックデザイナーは，媒体の制約のもとで要素の整列，コントラスト，対称性などを利用し，視認性と審美性に優れたレイアウトを作り出します。

本稿では，レイアウトにテキストや図形などの要素を当てはめて完成させたグラフィックデザインをドキュメントと呼び，ワイヤーフレームのような構図そのものをレイアウトと呼びます。レイアウトを取り扱う研究では，レイアウトはラベル付きのバウンディングボックスの集合または系列データとして定義されます。これは物体検出問題のアノテーションデータのフォーマットとほぼ同一で，複数の物体の位置，大きさ，種類の情報を記録したものです。ドキュメントは，このレイアウトの各物体要素に，属性やコンテンツの情報を含めたものとして定義できます。テキスト要素であれば，コンテンツである文字列に加えて，色，書体，文字の大きさ，カーニング[14] などの属性に関する情報を含んだデータ構造をもちます。図形要素は，描画パスと色，縁どり，テクスチャなどの属性をもちます。SVG ファイルは，XML（Extensible Markup Language）[15] 形式の記述により，こうしたドキュメント構造を表現しています。

14) グリフ単位で文字間隔を調整すること。

15) マークアップ言語の標準規格。

4.1 レイアウト生成

レイアウト生成の基本

古典的なレイアウト生成手法では，要素の並びを定量化する関数など，手動で設計した制約関数を満たすようにレイアウトを最適化する手法が提案されていました [47]。最近では，複雑な構造データを取り扱える機械学習手法の発展に

伴って，深層学習モデルからレイアウトを直接的に生成する試みが見られるようになってきました。たとえば，レイアウト生成はバウンディングボックス系列の生成問題として定式化することが可能です。背景画像など，何らかの入力 X が与えられたときにバウンディングボックス要素の系列 $Y \equiv \{\mathbf{y}_1, \mathbf{y}_2, \ldots, \mathbf{y}_L\}$ を生成するモデル p_θ を考えます。ここで，要素は位置と種類に関する属性情報の組 $\mathbf{y} \equiv (y_{\text{type}}, y_{\text{left}}, y_{\text{top}}, y_{\text{right}}, y_{\text{bottom}})$ とし，レイアウトに含まれる要素の数は L とします。このモデルからサンプル $\hat{Y}$ を生成することで，レイアウト生成問題は，次のように定式化されます。

$$\hat{Y} \sim p_\theta(Y|X) \tag{1}$$

最近のレイアウト生成に関する研究は，このような生成ができるモデル p_θ を機械学習手法により構築するものとなっています。

　代表的なレイアウト生成手法は，LayoutVAE [48]，LayoutTransformer [49] のように，自己回帰型のデコーダを利用するものです（図6）。これは自然言語処理のように，系列データを扱うための自己回帰型のネットワークをレイアウト

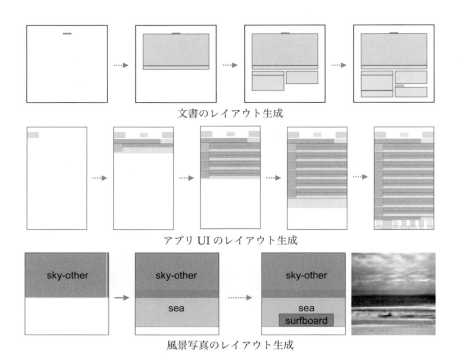

文書のレイアウト生成

アプリ UI のレイアウト生成

風景写真のレイアウト生成

図 6　自己回帰型のレイアウト生成（[49] より引用）。自己回帰型の生成では，逐次的に要素をサンプリングし，配置します。自己回帰そのものは汎用的で，文書，モバイルアプリの UI，風景写真など，さまざまなレイアウト生成問題に適用できます。

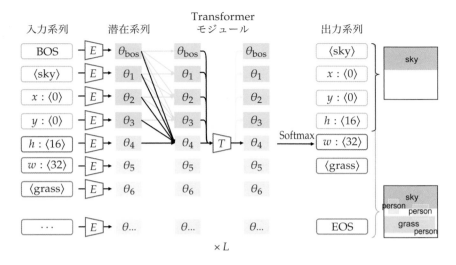

図7 LayoutTransformer のアーキテクチャ（[49] より引用）。レイアウトはラベル付きバウンディングボックスの系列データと見なせるため，種別，位置，大きさといった属性の系列として自己回帰型のデコーダ（Transformer モジュール）により生成することができます。図は，高さの次に幅を予測する自己回帰ステップを例示しています。系列の最初と最後は BOS/EOS トークンを用いて表現します。

のデータ構造に適用し，生成するときは過去の推論結果に従って逐次的にレイアウトの要素を次々にサンプリングします。図7に LayoutTransformer のアーキテクチャを例示します。図7では，$\{$BOS, type : $\langle$sky$\rangle$, x : $\langle 0 \rangle$, y : $\langle 0 \rangle$, $\ldots\}$ の入力系列に対し，Transformer モジュールの内部表現を経て，$\{$type : $\langle$sky$\rangle$, x : $\langle 0 \rangle$, y : $\langle 0 \rangle$, h : $\langle 16 \rangle$, $\ldots\}$ の系列を出力している様子を示しています。自己回帰型の生成手法は，系列の終わりを示す EOS トークンを出力するまで生成を続けるため，可変長のレイアウトにも容易に対応できます。自然言語処理と同じ方法論をレイアウト生成にも使えますが，自然言語処理ではトークン系列は自然言語である（シングルモダリティ）のに対し，レイアウト生成では要素の位置や種別がそれぞれ別のモダリティとなっている（マルチモーダル）ところが異なっています[16]。このため，レイアウト生成では，位置情報，種別などそれぞれの入出力モダリティごとのエンコーダ・デコーダを用意することが必要になります。また，自己回帰型の生成は，レイヤー間の適切な関係性を維持した出力が得られやすいことが報告されていますが [50]，逐次的な推論ゆえ，速度を出しにくいという弱点もあります。

　自己回帰型の手法以外にも，多くのレイアウト生成手法が提案されてきました。潜在変数から一気に固定長の系列を生成する手法は，ワンショット型と呼ばれま

[16] ドキュメント生成であれば，要素の1つとして自然言語による文字列やラスタ画像も生成することになります。

す．LayoutGAN [51, 52] は GAN ベースのレイアウト生成手法で，与えられた要素群に対して，それぞれの位置を推論します．VTN [50] や CanvasVAE [53] では単一のグローバルな潜在変数を仮定しているのに対し，LayoutGAN++ [54] のように要素単位で潜在変数をサンプリングする手法も見られます．ワンショット型の手法で可変長の系列を生成する際は，空白を示すパッドトークンを使い，すべてのデータが同一の長さをもつようにします．ワンショット型の手法は生成にかかる時間が短いのが特徴ですが，出力の品質が犠牲になりやすいという傾向があります．この問題に対処するため，BLT [55] は確度の高い推論結果をベースに複数回推論することで，ワンショット手法の生成品質を高める手法を提案しています．

　確率的拡散モデル [56] を用いたレイアウト生成手法も提案されるようになりました．確率的拡散モデルは非平衡熱力学に基づく潜在変数モデルで，レイアウト生成に適用する際は，離散的かつ複数のモダリティをもつレイアウト要素系列をいかに取り扱うかがモデリングの鍵となります．LayoutDM [57]，LayoutDiffuse [58] は，マルチモーダルな確率的拡散モデル [59] を活用したレイアウト生成手法を提案しています[17]．このほかに，Chai らは連続潜在変数を使った手法 [60]，Levi らは連続変数と離散変数を組み合わせた手法 [61] を提案しています．

[17] LayoutDM に関する詳細は，本書の「フカヨミ レイアウト生成」を参照ください．

制約付きレイアウト生成

　グラフィックデザインの制作において，何も前提となる入力が存在しないことはほとんどなく，通常はどういったものを作りたいかに応じた，掲載すべき画像やテキストが与えられています．また，「画像をテキストの右に配置する」といったデザイン上の制約を，ユーザーから指定されることもよくあります．Lee らは，Neural Design Network（NDN）でグラフニューラルネットワーク（GNN）を用い，「タイトルは本文の上に配置」といった制約条件を満たすように，推論を複数回に分けてレイアウトを生成する手法を提案しました [62]（図 8）．NDN は，要素と要素の間の関係性を明示的に表すグラフをモデリングすることで，位置関係や大小関係の制約条件を取り扱います．たとえば，「画像はテキストより大きく」といった 2 つの要素間の関係性は，グラフ上の要素の関係性としてモデリングします．LayoutGAN++ [54] は，生成モデルの潜在空間を探索して，制約を満たすレイアウトを生成する手法を提案しています．LayoutDM [57] は，拡散モデルの分布に事前分布を付加する形で制約条件を考慮します．LayoutFormer++ [63] は，制約条件をトークン列としてエンコードする手法をとっています．

　背景画像が与えられている前提でのレイアウト生成問題も研究されていま

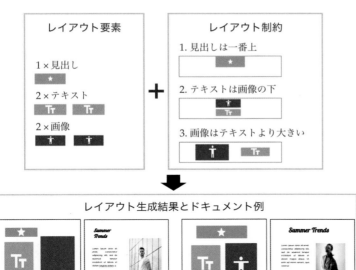

図8 Neural Design Network（NDN）（[62] より引用）。NDN は，与えられたレイアウト要素のほかに，「タイトルは本文の上に配置」，「画像はテキストより大きく」のようなユーザーの指示を明示的に制約として入力し，グラフニューラルネットワーク（GNN）によりレイアウトを生成します。下段の 2 つのドキュメント例のように，NDN により生成されたレイアウト（それぞれ左図）にあとからテキストや画像を入れ込む（右図）ことで，半自動的にドキュメントを生成できます。

す[18]。この問題設定は物体検出に似ていて，画像を入力として，バウンディングボックス群を出力します。LayoutDETR [64] は，物体検出手法をベースにしてレイアウト生成をします。CGL-GAN [65] は，不完全なユーザー入力に対応するために，ドメイン適応モジュールを組み込んだ生成モデルを提案しています。Li らは，背景画像とテキスト入力を前提とした Diffusion ベースの生成手法を提案しています [66]。テキストを入力としたレイアウト制御は，Lin らの論文 [67] でも取り組まれています。

4.2　ドキュメント認識と生成

　レイアウト生成の研究の進展に伴い，レイアウトだけではなく他のコンテンツや属性情報を含むドキュメントを生成する試みが，いくつか見られるようになっています。Yamaguchi は CanvasVAE [53] で，VAE ベースのドキュメン

[18] 現実的には，商品画像やメインコピーなど，何らかの前提がある問題設定が一般的です。

ト生成モデルを検証しています。CanvasVAE は，ドキュメントの各レイヤーの種別，位置，大きさ，画像，テキスト，色などの情報をエンコーダで単一の潜在空間に写像することで，ドキュメントの生成だけではなく，DeepSVG [12] のようなドキュメントの線形補間も可能になることを示しています。

また，Inoue らは FlexDM [68] で，マスキングによりタスクを切り替えることで，複数の生成タスクを単一のモデルで実現できることを示しました[19]。FlexDM は，ドキュメントを扱うマスク付きオートエンコーダを利用して，ドキュメントに含まれる各レイヤーのどの情報をマスクするかにより，レイアウト生成，テキスト（コピー）挿入，画像挿入，要素の追加，フォント指定，彩色など，多数のグラフィックデザインに関するタスクに対応します（図9）。たとえば，1つのレイヤーをマスクしてモデルに推論させることで新しいレイヤーを追加したり，位置情報をマスクして推論させることでレイアウトを推定したりします。

AutoPoster [69] は，与えられた画像と商材の名前からドキュメントを生成する手法です。AutoPoster は生成を複数のステップ，すなわち，掲載媒体に向けた画像の前処理，背景画像からのテキストレイアウトの生成，挿入するテキストコピーの生成，フォントと色の予測に分け，これらのタスクを受け持つモデルを組み合わせて完全なドキュメントを構成することを試みています（図10）。前処理の段階では，画像の文字領域検出と消去，画像領域のアウトペイント（外挿），顕著性の検出，そしてターゲットとする画像サイズに合わせたクロッピング処理を施し，背景として利用できる画像を生成します。

最近では，HTML のようなマークアップ言語によるドキュメントを，直接的に大規模言語モデル [70] で生成する試みも見られるようになってきました。大規模言語モデルはもともと自然言語を対象として発展してきましたが，プログラムのソースコードを対象に言語モデルを学習させることで，さまざまなソフトウェア開発タスクに適用できることが示されています [71]。また，画像のようなモダリティも系列データとしてエンコードすることで，それらと言語を統一的に扱う試み[20] も見られるようになってきました [72]。このほかにも，LayoutNUWA [73] は，コード生成向けの大規模言語モデルをレイアウト生成に組み入れる手法を提案しています。

自然言語処理に由来して，グラフィックデザインに留まらず，ドキュメント画像に関するタスクを幅広く取り扱うモデルが研究されています[21]。LayoutLM [74, 75, 76, 77, 78] は，ドキュメント画像からマルチモーダルな基盤モデルを事前学習させたモデルであり，フォームからの情報抽出，レシートの内容理解，ドキュメント画像の分類といったタスクを想定して作られました。これらのモデルは一般に，事前に OCR や PDF ファイルパーサーを利用してテキスト領域とその文字列を認識し，得られた位置情報付きのテキスト要素群をエンコードします。

[19] 複数のタスクに使える単一モデルは，自然言語におけるGPT 系統のモデルのように基盤モデルの考え方に通じるものです。

[20] 一般的に，ドキュメントにはテキストもラスタ画像もそれ以外のデータもすべて含まれるため，マルチモーダルなモデルは必須です。

[21] PDF ファイルを読み込める大規模言語モデルも見られるようになってきました。

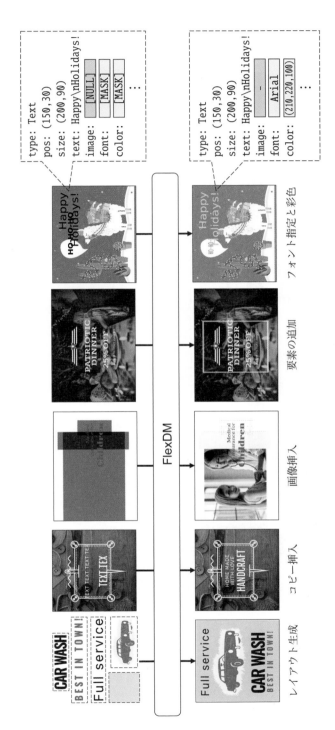

図 9 FlexDM ([68] より引用)。FlexDM は、マスク付きオートエンコーダを使い、レイアウト生成、コピー挿入、画像挿入、要素の追加、フォント指定と彩色といった多種多様なグラフィックデザインタスクを、マスクの切り替えにより実現します。各要素は図中右端の吹き出しに示したよう な情報を保持しており、このマスク部分を推論できるようにモデルを学習させることで、位置やフォントを推論（レイアウト生成・フォント指定） したり、画像やテキスト要素を生成（画像・コピー挿入）したりすることが可能になります。要素の追加は、1 つの要素を丸ごとマスキングして推 論させることで実現できます。

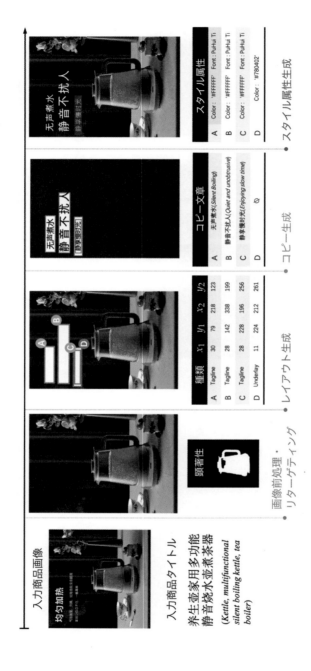

図 10 AutoPoster（[69] より引用）。AutoPoster は与えられた画像から新しいドキュメントを生成する手法です。画像の前処理により、商品画像のメイン領域を保持しつつターゲットとなる大きさにトリミングおよびリサイズし、デキストレイアウトと挿入すべきテキストコピーを生成し、最後に色とフォントを決めて、ドキュメント全体を構成します。

下流タスクに使うときは，テキスト要素群の特徴表現を得るエンコーダとして利用します。このような事前学習手法は，今後グラフィックデザインにおいて直接的な応用事例が見られる可能性があります。

5　色彩の生成

色彩はグラフィックデザインの見た目を大きく左右します。デザイナーは色の知覚を利用して，伝えたいことをグラフィックデザインの色付けに反映させます。たとえば，グラフィックデザインの全体をモノトーンでまとめることで洗練された印象を作り出したり，補色を使って要素間のコントラストを表現したりします。また，デザインにおいては，色覚異常をもつ人のためにアクセシビリティを考慮した色付けをすることが望まれています。

計算機上では，色は 24-bit RGB 形式により表現されることが一般的ですが，色を表現する空間にはさまざまなものが存在します。たとえば HSV 色空間では，色相（Hue），彩度（Saturation），明度（Value）の 3 つの組み合わせで色を表現します。カラープリンタのようにインクによる加色で色を表現するときは，CMYK 色空間が利用されます[22]。CIELAB 色空間は国際照明委員会（CIE）が定義した色空間で，人が知覚できるすべての色を記述でき，デバイスごとの固有の色表現の基準として利用できるように設計されています。グラフィックデザインにおいては，カラーパレットを作るときなど，RGB 色空間よりも HSV 色空間を用いたほうが適切な配色を考えやすい場合があります。色彩の表現はRGB 形式に留まらないことに留意してください。

色彩は光学や心理物理学，情報可視化など，さまざまな領域で学術的に研究されていますが，最近のグラフィックデザイン生成の文脈では，自動彩色，カラーパレット生成といったタスクへの取り組みが見られます。以下では，最近の研究事例をいくつか紹介します。

5.1　自動彩色

画像を自動的に色付けする手法は，深層学習モデルの発展とともによく研究されるようになりました [79, 80, 81, 82]。古いモノクロ写真の自動彩色 [83] が代表的な応用事例です。また，自動彩色は，深層学習モデルの事前学習タスクとしても有効であることが報告されています [81][23]。

自動彩色には，大きく分けて白黒写真の彩色と既存カラー写真の色変換の 2種類のタスク設定が存在します。いずれのタスク設定も入力ラスタ画像の色の数が異なるだけで，ニューラルネットワークを用いた Image-to-image の変換タスクとしてモデリングされますが，グラフィックデザインの場合はラスタ画

[22] RGB で色を重ねると白に近づくのに対し，CMYK で白い紙面にインクを重ねると黒に近づきます。

[23] グレースケール画像を入力して多色の RGB 値を出力する事前学習タスクです。

像を前提としないため，この手法が適切であるとは限りません。Kikuchi らは，単純なラスタ画像ベースの自動彩色ではなく，ドキュメント構造を使った自動彩色が Web ページの自動彩色に有効であることを報告しています [84]。ラスタ画像の自動彩色モデルをベクタ形式のグラフィックドキュメントに適用すると，ピクセル単位での色の不整合が発生したり，入力として受け取ったグレースケール画像の輝度を反転させるような彩色ができなくなってしまいます。Kikuchi らの手法では，Web ページのノード単位での色付けにより，こうした問題を解決しています。Zhao らは，グラフィックデザインに写真を挿入するときに，全体に調和するように選択的に彩色する手法を提案しています [85]。

5.2　カラーパレットの生成と補完

　グラフィックデザイン全体の色調を決めるスタイリングを目的とした複数の色の組み合わせをカラーパレットと呼びます。たとえば Microsoft PowerPoint では，プレゼンテーションスライドのスタイリングを行う際，6 色から構成されるテーマカラーを適用することで簡単に全体の色付けを切り替えることができます。こうしたカラーパレットはそれ自身が何らかの意味合いをもっており，Adobe Color や COLOURLovers のようなサービスでは，Natural や Luxury といったテーマに沿ったカラーパレットを検索したり，自分で定義したりすることができます。

　これまでにも，雑誌の表紙デザインの色付けを目的とした，タグなどの入力に応じたカラーパレット生成の試みが報告されています [86, 87]。また，一部の色が与えられたときにカラーパレットの残りの色を補完するタスクも取り組まれてきました。O'Donovan らは，4 色が与えられたときに 5 色目を線形回帰する手法を提案しています [88]。Kita らは，同様に N 色のパレットを $N + \alpha$ 色に拡張する回帰手法を報告しています [89]。

　最近は，深層学習ベースのカラーパレット推薦手法が研究されるようになってきました[24]。Yuan らは，変分オートエンコーダを使った，インフォグラフィックスのためのカラーパレット生成手法を報告しています [90]。Kim らは，曼荼羅の塗り絵で色を推薦する手法を報告しています [91]。Qiu らは，グラフィックデザインに含まれる写真やイラストなど，異なるオブジェクトごとに複数のカラーパレットを仮定した表現学習手法を提案しています [92]。Qiu らの手法では，複数のカラーパレットを色のシーケンスと捉え，色を単一の単語トークンと見立てて，マスクされたオートエンコーダを学習することで，カラーパレットの表現を学習しています。また，Qiu らはグラフィックデザインに含まれるテキストに合わせてカラーパレットを推薦する手法も提案しています [93]。

　De-Stijl [94] は，GAN ベースのモデルを用いてテーマに沿ったカラーパレットを生成するインタラクティブシステムを提案しています（図 11）。De-Stijl で

[24] 情報可視化や HCI 分野で，これらの研究が多く見られます。

レイヤー	入力	デザイン条件			出力
		テーマ色	背景レイヤー	画像パレット	
画像レイヤー				なし	
飾りレイヤー					
テキストレイヤー					

図 11　De-Stijl の自動彩色手法（[94] より引用）。De-Stijl は，グラフィックデザインを画像，飾り，テキスト，背景の 4 種類のレイヤーに分解した上で，ユーザーにカラーパレットを提示し，選ばれたパレットに従って背景以外のレイヤーを彩色します。この図では，編集前のピンク系統の色合い（上段左）が，テーマとして指定された黄色系統の色合いに変更されています（上段右）。

は，グラフィックデザインを画像，飾り，テキスト，背景の 4 つのレイヤーに分け，与えられたテーマ色と背景レイヤーに従って残りの 3 つのレイヤーのカラーパレットを生成し，ユーザーの選択に従って彩色します。画像のカラーパレットには 2 次元のものを採用し，空間方向の情報をユーザーに提示することを提案しています。

6　おわりに

　本稿では，グラフィックデザインの生成に関する研究について，図形，タイポグラフィ，レイアウト，色彩のトピックに分けて事例を紹介してきました。実務で利用できるグラフィックデザインを生成するためには，単純にラスタ画像を出力できればよいわけではなく，レイヤー構造をもったドキュメントや図形を表現するベクタグラフィックスの取り扱いが重要になります。このため，近年では深層学習ベースの手法を使ってグラフィックデザインの構成要素を自動的に生成する手法が見られるようになってきました。その背景としては，自然言語処理の発展に伴い，構造をもったデータを容易に取り扱えるニューラルネットワークアーキテクチャが普及したことと，微分可能なラスタライザの研

究が進展し，ニューラルネットワークを用いて描画プロセス全体を扱えるようになってきたことがあると思われます。

　グラフィックデザインに関する大規模なベクタ形式のデータセットが不足している，といった課題も見られます。Web 経由で収集が比較的容易なラスタ画像に比べ，ベクタ形式のドキュメントは権利関係の問題で一般公開されていることはほとんどなく，また仕様が公表されていない形式で取り扱われることが多いため，今後も大規模な高品質データセットの公開はあまり期待できません。TextDiffuser [31] で提案された MARIO-LAION データセットのように，ラスタ画像のパースなどの手段で十分な機械学習用データを蓄積することが重要になると思われます。あるいは，LayoutNUWA [73] のように，外部データを事前学習したコード記述向けの大規模言語モデルを活用してグラフィックデザイン関係のタスクを解く，という方向性も有用かもしれません[25]。

　研究に供するデータの課題は残るものの，グラフィックデザインはラスタ画像，レイアウト要素，色空間，さまざまな描画属性，そしてデザインを制作する前提条件など，マルチモーダルにさまざまなデータ構造を使ってタスクをモデリングする必要があり，研究トピックとして探求すべき領域は多々あります。そして，生成モデル全般と同様に，必ずしも 1 つの正解があるわけではないという点も，グラフィックデザインに関する取り組みの中で注意しなければなりません。商用サービスでも，Adobe Firefly や Microsoft Designer といった Text-to-template 生成によるサービスがベータ版として提供され始めています。現実的なクリエイティブワークフローを考えると，再編集可能なデザインテンプレートの生成はインパクトが大きく，グラフィックデザインに関する技術の進展から目が離せない状況になっています。本稿をきっかけとして，グラフィックデザインの自動生成や制作支援技術に興味をもつ人が増えれば幸いです。

[25] 本稿執筆時点では，大規模言語モデルを使っても，そのままではレイアウト生成のようなタスクは解けません。

参考文献

[1] Robin Rombach, Andreas Blattmann, Dominik Lorenz, Patrick Esser, and Björn Ommer. High-resolution image synthesis with latent diffusion models. *arXiv preprint arXiv:2112.10752*, 2021.

[2] Aditya Ramesh, Prafulla Dhariwal, Alex Nichol, Casey Chu, and Mark Chen. Hierarchical text-conditional image generation with clip latents. *arXiv preprint arXiv:2204.06125*, 2022.

[3] Alex Nichol, Prafulla Dhariwal, Aditya Ramesh, Pranav Shyam, Pamela Mishkin, Bob McGrew, Ilya Sutskever, and Mark Chen. GLIDE: Towards photorealistic image generation and editing with text-guided diffusion models. *arXiv preprint arXiv:2112.10741*, 2021.

[4] Chitwan Saharia, William Chan, Saurabh Saxena, Lala Li, Jay Whang, Emily L.

Denton, Kamyar Ghasemipour, Raphael G. Lopes, Burcu K. Ayan, Tim Salimans, et al. Photorealistic text-to-image diffusion models with deep language understanding. *NeurIPS*, Vol. 35, pp. 36479–36494, 2022.

[5] Oran Gafni, Adam Polyak, Oron Ashual, Shelly Sheynin, Devi Parikh, and Yaniv Taigman. Make-a-scene: Scene-based text-to-image generation with human priors. In *ECCV*, pp. 89–106. Springer, 2022.

[6] Nataniel Ruiz, Yuanzhen Li, Varun Jampani, Yael Pritch, Michael Rubinstein, and Kfir Aberman. DreamBooth: Fine tuning text-to-image diffusion models for subject-driven generation. In *CVPR*, pp. 22500–22510, 2023.

[7] Rosanne Liu, Dan Garrette, Chitwan Saharia, William Chan, Adam Roberts, Sharan Narang, Irina Blok, RJ Mical, Mohammad Norouzi, and Noah Constant. Character-aware models improve visual text rendering. *arXiv preprint arXiv:2212.10562*, 2022.

[8] Jian Ma, Mingjun Zhao, Chen Chen, Ruichen Wang, Di Niu, Haonan Lu, and Xiaodong Lin. GlyphDraw: Learning to draw Chinese characters in image synthesis models coherently. *arXiv preprint arXiv:2303.17870*, 2023.

[9] Yizhi Wang and Zhouhui Lian. DeepVecFont: Synthesizing high-quality vector fonts via dual-modality learning. *ACM Transactions on Graphics (TOG)*, Vol. 40, No. 6, pp. 1–15, 2021.

[10] David Ha and Douglas Eck. A neural representation of sketch drawings. In *ICLR*, 2018.

[11] Raphael G. Lopes, David Ha, Douglas Eck, and Jonathon Shlens. A learned representation for scalable vector graphics. In *ICCV*, pp. 7930–7939, 2019.

[12] Alexandre Carlier, Martin Danelljan, Alexandre Alahi, and Radu Timofte. DeepSVG: A hierarchical generative network for vector graphics animation. *NeurIPS*, Vol. 33, pp. 16351–16361, 2020.

[13] Wamiq Para, Shariq Bhat, Paul Guerrero, Tom Kelly, Niloy Mitra, Leonidas J. Guibas, and Peter Wonka. SketchGen: Generating constrained CAD sketches. *NeurIPS*, Vol. 34, pp. 5077–5088, 2021.

[14] Tzu-Mao Li, Michal Lukáč, Michaël Gharbi, and Jonathan Ragan-Kelley. Differentiable vector graphics rasterization for editing and learning. *ACM Transactions on Graphics (TOG)*, Vol. 39, No. 6, pp. 1–15, 2020.

[15] Pradyumna Reddy, Michael Gharbi, Michal Lukac, and Niloy J. Mitra. Im2Vec: Synthesizing vector graphics without vector supervision. In *CVPR*, pp. 7342–7351, 2021.

[16] Kevin Frans, Lisa Soros, and Olaf Witkowski. CLIPDraw: Exploring text-to-drawing synthesis through language-image encoders. *NeurIPS*, Vol. 35, pp. 5207–5218, 2022.

[17] Ajay Jain, Amber Xie, and Pieter Abbeel. VectorFusion: Text-to-SVG by abstracting pixel-based diffusion models. In *CVPR*, pp. 1911–1920, 2023.

[18] Hiroharu Kato, Deniz Beker, Mihai Morariu, Takahiro Ando, Toru Matsuoka, Wadim Kehl, and Adrien Gaidon. Differentiable rendering: A survey. *arXiv preprint arXiv:2006.12057*, 2020.

[19] Herbert F. Schantz. *History of OCR, Optical Character Recognition*. Recognition Tech-

nologies Users Association, 1982.

[20] Guang Chen, Jianchao Yang, Hailin Jin, Jonathan Brandt, Eli Shechtman, Aseem Agarwala, and Tony X. Han. Large-scale visual font recognition. In *CVPR*, pp. 3598–3605, 2014.

[21] Zhangyang Wang, Jianchao Yang, Hailin Jin, Eli Shechtman, Aseem Agarwala, Jonathan Brandt, and Thomas S. Huang. DeepFont: Identify your font from an image. In *ACM Multimedia*, pp. 451–459, 2015.

[22] Tianlang Chen, Zhaowen Wang, Ning Xu, Hailin Jin, and Jiebo Luo. Large-scale tag-based font retrieval with generative feature learning. In *ICCV*, pp. 9116–9125, 2019.

[23] Wataru Shimoda, Daichi Haraguchi, Seiichi Uchida, and Kota Yamaguchi. De-rendering stylized texts. In *ICCV*, pp. 1076–1085, 2021.

[24] Tero Karras, Samuli Laine, and Timo Aila. A style-based generator architecture for generative adversarial networks. In *CVPR*, pp. 4401–4410, 2019.

[25] Liang Wu, Chengquan Zhang, Jiaming Liu, Junyu Han, Jingtuo Liu, Errui Ding, and Xiang Bai. Editing text in the wild. In *ACM Multimedia*, pp. 1500–1508, 2019.

[26] Shuai Yang, Jiaying Liu, Zhouhui Lian, and Zongming Guo. Awesome typography: Statistics-based text effects transfer. In *CVPR*, pp. 7464–7473, 2017.

[27] Shuai Yang, Zhangyang Wang, Zhaowen Wang, Ning Xu, Jiaying Liu, and Zongming Guo. Controllable artistic text style transfer via shape-matching GAN. In *ICCV*, pp. 4442–4451, 2019.

[28] Shuai Yang, Jiaying Liu, Wenjing Wang, and Zongming Guo. TET-GAN: Text effects transfer via stylization and destylization. In *AAAI*, Vol. 33, pp. 1238–1245, 2019.

[29] Qiangpeng Yang, Jun Huang, and Wei Lin. SwapText: Image based texts transfer in scenes. In *CVPR*, pp. 14700–14709, 2020.

[30] Prasun Roy, Saumik Bhattacharya, Subhankar Ghosh, and Umapada Pal. STEFANN: Scene text editor using font adaptive neural network. In *CVPR*, pp. 13228–13237, 2020.

[31] Jingye Chen, Yupan Huang, Tengchao Lv, Lei Cui, Qifeng Chen, and Furu Wei. TextDiffuser: Diffusion models as text painters. *arXiv preprint arXiv:2305:10855*, 2023.

[32] Donald E. Knuth and Duane Bibby. *The METAFONTbook*. Addison-Wesley Reading, 1986.

[33] Changyuan Hu and Roger D. Hersch. Parameterizable fonts based on shape compo-nents. *IEEE Computer Graphics and Applications*, Vol. 21, No. 3, pp. 70–85, 2001.

[34] Rapee Suveeranont and Takeo Igarashi. Example-based automatic font generation. In *Smart Graphics*, pp. 127–138. Springer, 2010.

[35] Neill D. F. Campbell and Jan Kautz. Learning a manifold of fonts. *ACM Transactions on Graphics (TOG)*, Vol. 33, No. 4, pp. 1–11, 2014.

[36] Samaneh Azadi, Matthew Fisher, Vladimir G. Kim, Zhaowen Wang, Eli Shechtman, and Trevor Darrell. Multi-content GAN for few-shot font style transfer. In *CVPR*, pp. 7564–7573, 2018.

[37] Yizhi Wang, Yue Gao, and Zhouhui Lian. Attribute2Font: Creating fonts you want

from attributes. *ACM Transactions on Graphics (TOG)*, Vol. 39, No. 4, pp. 69–1, 2020.

[38] Junbum Cha, Sanghyuk Chun, Gayoung Lee, Bado Lee, Seonghyeon Kim, and Hwal-suk Lee. Few-shot compositional font generation with dual memory. In *ECCV*, pp. 735–751. Springer, 2020.

[39] Yuqing Wang, Yizhi Wang, Longhui Yu, Yuesheng Zhu, and Zhouhui Lian. DeepVecFont-v2: Exploiting Transformers to synthesize vector fonts with higher quality. In *CVPR*, pp. 18320–18328, 2023.

[40] Ying-Tian Liu, Yuan-Chen Guo, Yi-Xiao Li, Chen Wang, and Song-Hai Zhang. Learning implicit glyph shape representation. *IEEE Transactions on Visualization and Computer Graphics*, Vol. 29, pp. 4172–4182, 2022.

[41] Pradyumna Reddy, Zhifei Zhang, Zhaowen Wang, Matthew Fisher, Hailin Jin, and Niloy Mitra. A multi-implicit neural representation for fonts. *NeurIPS*, Vol. 34, pp. 12637–12647, 2021.

[42] Zeqing Xia, Bojun Xiong, and Zhouhui Lian. VecFontSDF: Learning to reconstruct and synthesize high-quality vector fonts via signed distance functions. In *CVPR*, pp. 1848–1857, 2023.

[43] Chia-Hao Chen, Ying-Tian Liu, Zhifei Zhang, Yuan-Chen Guo, and Song-Hai Zhang. Joint implicit neural representation for high-fidelity and compact vector fonts. In *ICCV*, pp. 5538–5548, 2023.

[44] Nanxuan Zhao, Ying Cao, and Rynson W. H. Lau. Modeling fonts in context: Font prediction on web designs. In *Computer Graphics Forum*, Vol. 37, pp. 385–395. Wiley Online Library, 2018.

[45] Shuhui Jiang, Zhaowen Wang, Aaron Hertzmann, Hailin Jin, and Yun Fu. Visual font pairing. *IEEE Transactions on Multimedia*, Vol. 22, No. 8, pp. 2086–2097, 2019.

[46] Saemi Choi, Kiyoharu Aizawa, and Nicu Sebe. FontMatcher: Font image paring for harmonious digital graphic design. In *IUI*, pp. 37–41, 2018.

[47] Peter O'Donovan, Aseem Agarwala, and Aaron Hertzmann. Learning layouts for single-page graphic designs. *TVCG*, Vol. 20, No. 8, pp. 1200–1213, 2014.

[48] Akash A. Jyothi, Thibaut Durand, Jiawei He, Leonid Sigal, and Greg Mori. Layout-VAE: Stochastic scene layout generation from a label set. In *CVPR*, pp. 9895–9904, 2019.

[49] Kamal Gupta, Alessandro Achille, Justin Lazarow, Larry Davis, Vijay Mahadevan, and Abhinav Shrivastava. LayoutTransformer: Layout generation and completion with self-attention. In *ICCV*, pp. 1004–1014, 2021.

[50] Diego M. Arroyo, Janis Postels, and Federico Tombari. Variational Transformer networks for layout generation. In *CVPR*, pp. 13642–13652, 2021.

[51] Jianan Li, Jimei Yang, Aaron Hertzmann, Jianming Zhang, and Tingfa Xu. LayoutGAN: Generating graphic layouts with wireframe discriminators. *arXiv preprint arXiv:1901.06767*, 2019.

[52] Jianan Li, Jimei Yang, Jianming Zhang, Chang Liu, Christina Wang, and Tingfa Xu. Attribute-conditioned layout GAN for automatic graphic design. *IEEE Transactions on Visualization and Computer Graphics*, Vol. 27, No. 10, pp. 4039–4048, 2020.

[53] Kota Yamaguchi. CanvasVAE: Learning to generate vector graphics documents. In *ICCV*, pp. 5481–5489, 2021.

[54] Kotaro Kikuchi, Edgar Simo-Serra, Mayu Otani, and Kota Yamaguchi. Constrained graphic layout generation via latent optimization. In *ACM Multimedia*, pp. 88–96, 2021.

[55] Xiang Kong, Lu Jiang, Huiwen Chang, Han Zhang, Yuan Hao, Haifeng Gong, and Irfan Essa. BLT: Bidirectional layout transformer for controllable layout generation. In *ECCV*, pp. 474–490. Springer, 2022.

[56] Jonathan Ho, Ajay Jain, and Pieter Abbeel. Denoising diffusion probabilistic models. *NeurIPS*, Vol. 33, pp. 6840–6851, 2020.

[57] Naoto Inoue, Kotaro Kikuchi, Edgar Simo-Serra, Mayu Otani, and Kota Yamaguchi. LayoutDM: Discrete diffusion model for controllable layout generation. In *CVPR*, pp. 10167–10176, 2023.

[58] Guangcong Zheng, Xianpan Zhou, Xuewei Li, Zhongang Qi, Ying Shan, and Xi Li. LayoutDiffusion: Controllable diffusion model for layout-to-image generation. In *CVPR*, pp. 22490–22499, 2023.

[59] Jacob Austin, Daniel D. Johnson, Jonathan Ho, Daniel Tarlow, and Rianne van den Berg. Structured denoising diffusion models in discrete state-spaces. *NeurIPS*, Vol. 34, pp. 17981–17993, 2021.

[60] Shang Chai, Liansheng Zhuang, and Fengying Yan. LayoutDM: Transformer-based diffusion model for layout generation. In *CVPR*, pp. 18349–18358, 2023.

[61] Elad Levi, Eli Brosh, Mykola Mykhailych, and Meir Perez. DLT: Conditioned layout generation with joint discrete-continuous diffusion layout Transformer. *arXiv preprint arXiv:2303.03755*, 2023.

[62] Hsin-Ying Lee, Weilong Yang, Lu Jiang, Madison Le, Irfan Essa, Haifeng Gong, and Ming-Hsuan Yang. Neural design network: Graphic layout generation with constraints. In *ECCV*, pp. 491–506, 2020.

[63] Zhaoyun Jiang, Jiaqi Guo, Shizhao Sun, Huayu Deng, Zhongkai Wu, Vuksan Mijovic, Zijiang J. Yang, Jian-Guang Lou, and Dongmei Zhang. LayoutFormer++: Conditional graphic layout generation via constraint serialization and decoding space restriction. In *CVPR*, pp. 18403–18412, 2023.

[64] Ning Yu, Chia-Chih Chen, Zeyuan Chen, Rui Meng, Gang Wu, Paul Josel, Juan C. Niebles, Caiming Xiong, and Ran Xu. LayoutDETR: Detection Transformer is a good multimodal layout designer. *arXiv preprint arXiv:2212.09877*, 2022.

[65] Min Zhou, Chenchen Xu, Ye Ma, Tiezheng Ge, Yuning Jiang, and Weiwei Xu. Composition-aware graphic layout GAN for visual-textual presentation designs. *arXiv preprint arXiv:2205.00303*, 2022.

[66] Fengheng Li, An Liu, Wei Feng, Honghe Zhu, Yaoyu Li, Zheng Zhang, Jingjing Lv, Xin Zhu, Junjie Shen, Zhangang Lin, et al. Relation-aware diffusion model for controllable poster layout generation. *arXiv preprint arXiv:2306.09086*, 2023.

[67] Jiawei Lin, Jiaqi Guo, Shizhao Sun, Weijiang Xu, Ting Liu, Jian-Guang Lou, and Dongmei Zhang. A parse-then-place approach for generating graphic layouts from

textual descriptions. *ICCV*, pp. 23622–23631, 2023.

[68] Naoto Inoue, Kotaro Kikuchi, Edgar Simo-Serra, Mayu Otani, and Kota Yamaguchi. Towards flexible multi-modal document models. In *CVPR*, pp. 14287–14296, 2023.

[69] Jinpeng Lin, Min Zhou, Ye Ma, Yifan Gao, Chenxi Fei, Yangjian Chen, Zhang Yu, and Tiezheng Ge. AutoPoster: A highly automatic and content-aware design system for advertising poster generation. In *ACM Multimedia*, pp. 1250–1260, 2023.

[70] Tom Brown, Benjamin Mann, Nick Ryder, Melanie Subbiah, Jared D. Kaplan, Prafulla Dhariwal, Arvind Neelakantan, Pranav Shyam, Girish Sastry, Amanda Askell, et al. Language models are few-shot learners. *NeurIPS*, Vol. 33, pp. 1877–1901, 2020.

[71] Mark Chen, Jerry Tworek, Heewoo Jun, Qiming Yuan, Henrique P. de Oliveira Pinto, Jared Kaplan, Harri Edwards, Yuri Burda, Nicholas Joseph, Greg Brockman, et al. Evaluating large language models trained on code. *arXiv preprint arXiv:2107.03374*, 2021.

[72] Armen Aghajanyan, Bernie Huang, Candace Ross, Vladimir Karpukhin, Hu Xu, Naman Goyal, Dmytro Okhonko, Mandar Joshi, Gargi Ghosh, Mike Lewis, et al. CM3: A causal masked multimodal model of the internet. *arXiv preprint arXiv:2201.07520*, 2022.

[73] Zecheng Tang, Chenfei Wu, Juntao Li, and Nan Duan. LayoutNUWA: Revealing the hidden layout expertise of large language models. *arXiv preprint arXiv:2309.09506*, 2023.

[74] Yiheng Xu, Minghao Li, Lei Cui, Shaohan Huang, Furu Wei, and Ming Zhou. LayoutLM: Pre-training of text and layout for document image understanding. In *26th ACM SIGKDD International Conference on Knowledge Discovery & Data Mining*, pp. 1192–1200, 2020.

[75] Yang Xu, Yiheng Xu, Tengchao Lv, Lei Cui, Furu Wei, Guoxin Wang, Yijuan Lu, Dinei Florencio, Cha Zhang, Wanxiang Che, Min Zhang, and Lidong Zhou. LayoutLMv2: Multi-modal pre-training for visually-rich document understanding. *ACL*, pp. 2579–2591, 2021.

[76] Yiheng Xu, Tengchao Lv, Lei Cui, Guoxin Wang, Yijuan Lu, Dinei Florencio, Cha Zhang, and Furu Wei. LayoutXLM: Multimodal pre-training for multilingual visually-rich document understanding. *arXiv preprint arXiv:2104.08836*, 2021.

[77] Yupan Huang, Tengchao Lv, Lei Cui, Yutong Lu, and Furu Wei. LayoutLMv3: Pre-training for document AI with unified text and image masking. In *ACM Multimedia*, pp. 4083–4091, 2022.

[78] Zineng Tang, Ziyi Yang, Guoxin Wang, Yuwei Fang, Yang Liu, Chenguang Zhu, Michael Zeng, Cha Zhang, and Mohit Bansal. Unifying vision, text, and layout for universal document processing. In *CVPR*, pp. 19254–19264, 2023.

[79] Zezhou Cheng, Qingxiong Yang, and Bin Sheng. Deep colorization. In *ICCV*, pp. 415–423, 2015.

[80] Satoshi Iizuka, Edgar Simo-Serra, and Hiroshi Ishikawa. Let there be color! Joint end-to-end learning of global and local image priors for automatic image colorization with simultaneous classification. *ACM Transactions on Graphics (TOG)*, Vol. 35, No. 4,

pp. 1–11, 2016.

[81] Richard Zhang, Phillip Isola, and Alexei A. Efros. Colorful image colorization. In *ECCV*, pp. 649–666. Springer, 2016.

[82] Manoj Kumar, Dirk Weissenborn, and Nal Kalchbrenner. Colorization transformer. *arXiv preprint arXiv:2102.04432*, 2021.

[83] Runsheng Xu, Zhengzhong Tu, Yuanqi Du, Xiaoyu Dong, Jinlong Li, Zibo Meng, Jiaqi Ma, Alan Bovik, and Hongkai Yu. Pik-Fix: Restoring and colorizing old photos. In *WACV*, pp. 1724–1734, 2023.

[84] Kotaro Kikuchi, Naoto Inoue, Mayu Otani, Edgar Simo-Serra, and Kota Yamaguchi. Generative colorization of structured mobile web pages. In *WACV*, pp. 3650–3659, 2023.

[85] Nanxuan Zhao, Quanlong Zheng, Jing Liao, Ying Cao, Hanspeter Pfister, and Rynson WH Lau. Selective region-based photo color adjustment for graphic designs. *ACM Transactions on Graphics (TOG)*, Vol. 40, No. 2, pp. 1–16, 2021.

[86] Ali Jahanian, Jerry Liu, Qian Lin, Daniel Tretter, Eamonn O'Brien-Strain, Seungyon C. Lee, Nic Lyons, and Jan Allebach. Recommendation system for automatic design of magazine covers. In *IUI*, pp. 95–106, 2013.

[87] Xuyong Yang, Tao Mei, Ying-Qing Xu, Yong Rui, and Shipeng Li. Automatic generation of visual-textual presentation layout. *ACM Transactions on Multimedia Computing, Communications, and Applications (TOMM)*, Vol. 12, No. 2, pp. 1–22, 2016.

[88] Peter O'Donovan, Aseem Agarwala, and Aaron Hertzmann. Color compatibility from large datasets. In *ACM SIGGRAPH*, pp. 1–12, 2011.

[89] Naoki Kita and Kazunori Miyata. Aesthetic rating and color suggestion for color palettes. In *Computer Graphics Forum*, Vol. 35, pp. 127–136. Wiley Online Library, 2016.

[90] Lin-Ping Yuan, Ziqi Zhou, Jian Zhao, Yiqiu Guo, Fan Du, and Huamin Qu. InfoColorizer: Interactive recommendation of color palettes for infographics. *IEEE Transactions on Visualization and Computer Graphics*, Vol. 28, No. 12, pp. 4252–4266, 2021.

[91] Eunseo Kim, Jeongmin Hong, Hyuna Lee, and Minsam Ko. Colorbo: Envisioned mandala coloringthrough human-AI collaboration. In *IUI*, pp. 15–26, 2022.

[92] Qianru Qiu, Xueting Wang, Mayu Otani, and Yuki Iwazaki. Color recommendation for vector graphic documents based on multi-palette representation. In *WACV*, pp. 3621–3629, 2023.

[93] Qianru Qiu, Xueting Wang, and Mayu Otani. Multimodal color recommendation in vector graphic documents. In *ACM Multimedia*, pp. 4003–4011, 2023.

[94] Xinyu Shi, Ziqi Zhou, Jing W. Zhang, Ali Neshati, Anjul K. Tyagi, Ryan Rossi, Shunan Guo, Fan Du, and Jian Zhao. De-Stijl: Facilitating graphics design with interactive 2D color palette recommendation. In *CHI*, pp. 1–19, 2023.

やまぐち こうた（CyberAgent）

フカヨミ さまざまな入力と人物状態推定
多様なモダリティを用いた最新研究事例を追跡!

■五十川麻理子

本稿では，人物の姿勢や形状などのさまざまな状態を推定するタスクである人物状態推定に関する研究を紹介します。特に，計測対象人物（ユーザー）が計測デバイスやマーカーなどを身につける必要がない非侵襲的な計測[1]に基づく推定技術で，かつ，一般的な RGB 動画像を入力としないものについて概説したいと思います。

人物状態推定はコンピュータビジョンにおける主要タスクの 1 つであり，そのアプリケーションとしては，高齢者の見守りやセキュリティ，スポーツフォーム分析など，魅力的なものがさまざまに期待されます。CVPR2017 において，RGB 画像を入力としてそこに写っている人物の 2 次元関節位置を推定する OpenPose [1] が発表されたことが起爆剤の 1 つとなり，深層機械学習に基づく人物状態推定手法やその応用は大きな注目を集めてきました。ほかにも，関節位置のみならず，推定対象の人物の体型も含めた姿勢推定を可能にする技術として，人物メッシュ復元に関する手法も提案されており，これはシーン中の人物の状態をより詳細に解析する上で重要な技術であるといえます。

一方で，2023 年現在においても人物状態推定手法の主要な入力情報である RGB 動画像は，その入力信号特性により，状態推定技術にさまざまな制約を与えることが知られています。まず，可視光信号が遮られやすい環境，つまり夜間などの暗所や，身体の一部が隠れるなどの遮蔽物のある環境では精度が低下しやすくなります。4K などの高解像度画像を高フレームレートで撮影できるカメラを用いる場合は，必要なメモリ量や消費電力が比較的多いことも，アプリケーションによっては課題となるでしょう。また，顔や衣服などの個人の特定に結び付きやすい情報が撮影情報に含まれやすい点も，個人情報保護の観点から課題になり得ます。

一般的な RGB 動画像を入力として用いることにより生じるこれらの課題は，他の計測デバイスやモダリティを活用することで，一部解決することができます。本稿では，まず次節で人物状態推定への活用例がある計測デバイスやモダリティについて述べた後，

1) 以降，本稿で特に断りなく「人物状態推定」と述べる際は，非侵襲的計測に基づくものを指すこととします。

- 可視光を計測に活用しつつも，一般的なカメラとは異なる計測センサを用いて人物状態推定を行う手法や，
- 可視光以外のモダリティを人物状態推定に活用する手法

について，具体的な研究例を紹介したいと思います。

1　さまざまな計測デバイスやモダリティの人物状態推定への活用

今日提案されている人物状態推定手法の大半は，一般的な RGB カメラで取得した動画像を入力として用いています。これは，計測機器であるカメラが比較的安価で扱いやすいことや，ユースケースを考えやすいためと思われます。また，手法自体にはモダリティへの制限がなく，アルゴリズムの有効性を示すことに研究の主軸があるために，扱いやすい入力である RGB 動画像を用いている，というケースも多いでしょう。一方で，前述したような暗所や遮蔽への耐性，個人情報保護の観点，消費メモリ・電力量の観点などから，他の計測機器やモダリティを活用した研究例も多くあります。たとえば，詳しくは後述しますが，イベントカメラや Transient カメラ [2] を用いて計測した情報を人物状態推定に活用することができます。また，WiFi やミリ波などの無線信号，音響信号を人物状態推定に活用した研究も提案されています。

2) 紙面スペースの関係上，すべての評価項目を網羅できているわけではないことをご了承ください。

表 1 に，人物状態推定に活用されている主な入力情報と特性を示します[2]。この表では多くの項目において可視光以外の入力に軍配が上がっていますが，可視光以外の信号は，人物状態推定に活用する上で技術的課題となりうる特性をいくつか有していることを強調しておきます。たとえば，無線信号や音響信号は，可視光と比較すると信号波長が長く，また直進性が低く信号の回折も起こりやすいという特徴を有しています。信号波長が長いことは空間分解能がその分低いことを意味しており，細かな姿勢の違いなどを捉えることを困難にします。また，直進性の低さや回折の起こりやすさは，計測可能な信号強度の低下や，信号がセンサに到達するまでの時間的遅延の原因となります。このようにいくつかの技術的なチャレンジはあるものの，これらを解決できれば，各モダ

表 1　人物状態推定に活用可能な入力情報とその特性

		コスト	計測時の手軽さ	暗所耐性	省電力	省メモリ	個人情報保護	遮蔽耐性
可視光	RGB	○	◎	×	×	×	×	×
	イベント	△	○	○	○	△	△	×
	Transient	×	×	○	×	○	○	×
可視光以外	無線	○	△	○	○	○	○	△
	音響	○	○	○	○	○	○	○

リティの特性により幅広い応用が期待できます。

表1の説明に戻りましょう。まず、デバイスの準備にかかるコストや計測時の手軽さについては、圧倒的にRGBカメラに軍配が上がります。しかし、上述したように、RGBカメラベースの手法は、暗所や遮蔽への耐性、省電力・省メモリ、個人情報保護性に関しては課題を有しています。

イベントカメラは、従来のカメラが一定のフレームレートで撮像記録を行うのに対し、画素ごとに独立して輝度変化を検出し、明暗の変化が閾値以上となった画素についてのみ、座標、極性（輝度変化方向）、時間の3要素を含むイベントデータを出力するカメラです。その撮像方法の特性から、計測情報に高時間分解能をもつことや低消費電力性が期待できます。また、輝度変化のみを感知することから、撮像可能なダイナミックレンジが広いことや、一般的な画像と比較すると疎な空間情報しかもたないため、個人を識別できる情報が目視で確認しづらいことでも知られています。つまり、RGBカメラとは異なり、暗所耐性があり、かつ省電力・省メモリ[3]、個人情報保護の観点でメリットがあるといえます。なお、イベントデータから輝度画像を復元する手法も提案されています [3][4]。このような手法を用いることで個人情報保護性は低下する場合もありますが、少なくとも一般人が目視でデータを閲覧する範囲での個人識別性は失われているという意味で、本稿では個人情報保護性があると述べることにします。

Transientカメラは、一定間隔で光源から放射された光の強度（フォトンの数）を時間軸に沿って計測[5]したTransient imageを出力するカメラです。紙面上での位置が少し離れてしまいますが、後出の図2 (b) の上段に、2.2項で紹介する研究で用いられているTransient imageを可視化した例を示しています。この図からわかるように、Transient imageは各時刻の人物の姿勢を捉えた情報を保持しつつも、そこに誰が映っているかは目視では認識しづらく、個人情報保護性があるといえます。また、一般的なカメラ動画像と比較すると非常にスパースな計測情報[6]であるため、省メモリ性も期待できます。遮蔽耐性については、2.2項の研究のようにコーナー越しで計測を行っている場合はよいですが、そうでない場合は通常の可視光を用いた計測と同様に期待できません[7]。

表1下段の可視光以外のモダリティを活用するものとして、無線信号や音響信号を用いる方法も知られています。近年、WiFiやミリ波などの無線信号を活用した人物状態推定手法が提案されています。これは、無線信号をアクティブに送信し、受信機によって計測した人物からの反射信号を解析することで状態推定を行うものです。この方法では多くの場合、空間的に非常に疎な計測を行うため、RGBカメラを用いたものと比較して、個人情報保護に配慮した実装が

[3] 時間軸方向の解像度によっては、省メモリにならない可能性もあります。

[4] 疎な情報を活用することによる個人情報保護性の程度は、その情報を入力とした復元手法の発展度合いとのいたちごっこです。

[5] 可視光を用いることが一般的です。また、フォトン数の計測を行っていることから、暗所環境のほうがむしろ良好に撮影できます。

[6] 2.2項の研究では、4FPSの $(x, y, t) = 32 \times 32 \times 64$ 次元の時空間情報を用いています。

[7] 表1では、手法により獲得される遮蔽耐性ではなく、信号特性によるものを記載しています。

可能です。また，可視光を用いないため暗所耐性があり，かつ可視光信号波長帯（nm スケール）と比較して波長が長い（cm スケール）ため木材や布などの素材を透過でき，遮蔽耐性も期待できます。しかし，航空機内や病室内など，精密機器が存在するシーンでは，利用が制限されてしまいます。

音響信号は，無線信号と同様に，暗所耐性や，波長が長い（m スケール）ことによるオクルージョン耐性，個人情報保護性を有し，人物状態推定への活用可能性をもつ信号です。可聴域信号を用いる場合には，信号を人間が知覚できてしまうというデメリットがありますが，音は無線信号とは異なり，精密機器に影響を与えません。次節からは，本節で述べたさまざまな計測方法やモダリティを活用した人物状態推定に関する研究例を紹介していきます。

2　一般的なカメラ以外の可視光計測センサを活用する手法

一般的なカメラで撮影された動画像を用いずとも，人物の姿勢や形状を推定することは可能です。本節では，計測信号に可視光信号を用いつつも，一般的な RGB カメラとは異なるデバイスを用いて計測を行い，その計測情報を人物状態推定に活用する手法を見ていきましょう。

2.1　イベントカメラを用いた人物状態推定

Shihao Zou, et al.: "EventHPE: Event-based 3D Human Pose and Shape Estimation" (2021) [4]

ここでは，ICCV2021 に採録された，単眼のイベントカメラで計測した輝度画像およびイベントデータを入力とした人物メッシュ復元に関する手法 [4] を紹介します。

イベントカメラはその高い時間解像度性により，高速で移動する物体の撮影に非常に適しています。そのため，イベントカメラを活用した人物状態推定手法が近年多く提案されています[8]。それらの中で今のところ最も研究例が多いのが，人物の関節位置を回帰により推定する手法です。たとえば，複数視点で撮影されたイベントデータに対し，それぞれ一定時間イベントを蓄積させたフレーム（以降，イベントフレームと記載します）を入力として視点ごとの人物の 2 次元関節位置を推定し，三角測量によって 3 次元関節位置を推定する手法が提案されています [6]。そのほかに，単眼のイベントカメラで取得したストリームのみから 3 次元の関節位置を推定する手法 [7] や，人の姿勢および形状を SMPL モデル（Skinned Multi-Person Linear Model; 体表付き複数人物線形モデル）のパラメータを推定することで求める手法 [8] も提案されています。こ

[8] 詳細なサーベイは，文献 [5] が非常に充実しています。

こで SMPL モデルとは，6,890 点の 3 次元頂点位置から構成される人物 3 次元モデルを指します。SMPL モデルのパラメータは，23 点の人物 3 次元関節位置と，人物の向きを示す 3 次元ベクトル，人物の体格情報である 10 次元の形状パラメータの計 82 次元（$3 \times 23 + 3 + 10$）で構成されており，推定時にはこの 82 次元のパラメータを推定します。

　EventHPE [4] では，イベントデータを入力として人物メッシュモデルである SMPL モデルのパラメータを推定する目的で，図 1 に示すように，FlowNet と ShapeNet の 2 段階構成のネットワーク構造を採用しています。まず，FlowNet では，イベントデータを入力としてオプティカルフローを学習ベースで推定します。ちなみに，イベントデータを活用する際のフォーマットは複数ありますが，この手法ではイベントを一定時間蓄積して得られるイベントフレームを用いています。この方法をとることでイベントデータを扱いやすいというメリットがあるのですが，イベントの蓄積を一定時間待たなくてはならないため，イベントカメラの本来の長所である高速性が十分に享受できないという点がデメリットになります。次に，ShapeNet では，イベントデータと FlowNet で推定したオプティカルフローを用いて人物メッシュを推定します。このオプティカルフローがあることによって，初期フレームにおいて輝度画像を用いて推定された人物メッシュの初期情報を伝搬できるため，より正確なメッシュモデルが推定可能となっています。

　この手法のポイントとなっているのは，画像ベースのフロー（つまり，オプティカルフロー）と形状ベースのフロー（この論文の中では人体形状の頂点の動きを指しています）は，どちらも同じ人間の動きから生起するということに着想を得て，イベントフレームから推定されるオプティカルフローと人物形状から導かれるフローとの整合をとるように学習を行っている点です。

　また，EventHPE はその手法の有効性以外にも，データセット構築に関する貢献も行っています。EventHPE データセットには，輝度画像やイベントデータ，SMPL モデルのメッシュデータなどが含まれており，2023 年現在，イベントデータを入力とした人物メッシュ復元のためのデータセットとしては最も大規模なものの 1 つです。

　一方で，この手法は，シーケンス開始時の初期人物姿勢と人物形状は既知であると仮定しており，そのために開始フレームでのみ輝度画像を必要とします。これにより，イベントカメラがもつ暗所耐性や個人情報を含みにくいという特性が失われてしまいます。この課題を解決するために，本稿の筆者の研究グループでは，イベントデータのみに基づいた人物メッシュ復元に取り組んでいます [9]。

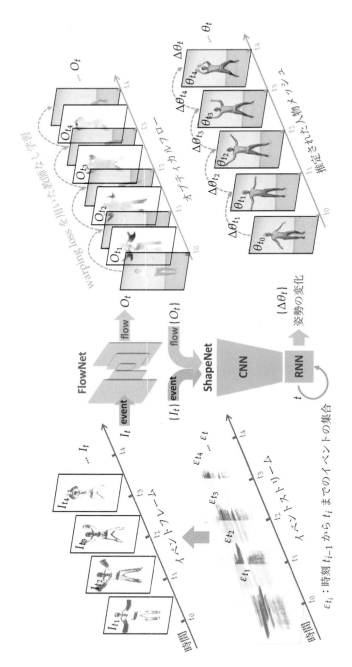

図 1 EventHPE のモデルのアーキテクチャ（[4] より引用）

2.2 Transient image を用いた人物状態推定

Mariko Isogawa, et al.: "Optical Non-Line-of-Sight Physics-Based 3D Human Pose Estimation" (2020) [10]

Transient カメラ[9] を用いて計測された Transient image を用いて，図 2 (a) に示すようなコーナー越しの人物の 3 次元姿勢推定に初めて成功したものとして，筆者が論文著者の一人として研究に携わり，CVPR2020 に採録された研究を紹介します。従来，Transient image を用いて人物の状態推定を行う研究として，フレーム単位で人物姿勢クラス分類 [11] を行う手法などは提案されていたのですが，人物 3 次元姿勢推定を行った手法はこの研究が初めてです。

この研究は，壁で遮蔽されてセンサから直接には見えない人物の姿勢を推定するもので，そのために NLOS（non-line-of-sight; 見通し外）イメージングという手法が応用されています。これは，センサから見えている中継壁に光を反射させて遮蔽されているシーンを間接的に照らし，その反射光が壁を経由してセンサへ戻るまでの時間を測定することによって，シーンの距離情報（奥行き

[9] この研究では，Single Photon Avalanche Diode (SPAD) センサを用いています。

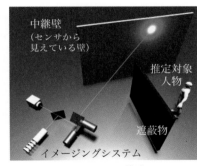

(a) システム構成

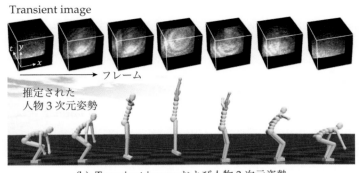

(b) Transient image および人物 3 次元姿勢

図 2 Transient image を用いた人物状態推定の研究概要 ([10] より引用)。(a) システム構成，(b) 入出力である Transient image および人物 3 次元姿勢。

11) ここでいう物理的に正しい姿勢とは，たとえば，人の位置は床より下にめり込まない，であったり，人の動きは時系列的に滑らかである，といった物理的にもっともらしい状態のことを指します。

12) Transient image を入力として，点像分布関数の逆関数を最適化することを目的としたものです。

情報）の手がかりを得て，遮蔽されたシーンのイメージング[10] を行う，という手法です。

この研究のポイントは 3 点あります。まず，遮蔽された人物の物理的に正しい 3 次元姿勢[11] を推定するために，NLOS イメージングを活用しつつ，物理エンジンを用いた強化学習ベースの最適化を行うフレームワークを提案している点です。具体的には，Transient image を入力としてシーンの 3 次元情報を復元し，Transient feature という特徴量ベクトルを生成した上で，双方向 LSTM で抽出した特徴量である Visual context と現在の姿勢の状態とを物理エンジンに入力して，次の時刻の姿勢を推定します。2 点目のポイントは，Transient image に含まれるノイズやブラーを軽減して姿勢推定の精度を向上させる目的で，誤差を軽減するための学習可能な P2PSF（photon to inverse point spread function）ネットワーク[12] をフレームワークに追加している点です。3 点目に，教師データ計測コストを軽減する目的で，深度画像から Transient image を合成し，実測の Transient image をいっさい用いることなく学習を行っています。その際，実際に計測される Transient image を模倣する目的で，ノイズやブラーの付与，低フレームレートな計測情報の再現，データ拡張のための時間軸方向のシフトを行います。これらの技術貢献により，非常にスパースな入力である Transient image のみから，時系列的に滑らかでかつ物理的に正しい人物の 3 次元姿勢を推定することに成功しています。

3　可視光以外のモダリティを人物状態推定に活用する手法

本書をご覧になる方にとっては，おそらく可視光は最も馴染みのあるモダリティの 1 つではないでしょうか。しかし，世の中にはほかにも多くの信号が存在し，可視光はそのごく一部です。本節では，可視光以外のモダリティを人物状態推定に活用する例として，音響信号や無線信号を用いる研究を見ていきましょう。

3.1　音響信号を用いた人物状態推定

Yuto Shibata, et al.: "Listening Human Behavior: 3D Human Pose Estimation With Acoustic Signals" (2023) [13]

13) この研究を含む，CV での音響信号の利用については，本シリーズ Winter 2023 の「フカヨミ 音響情報の CV 応用」もご覧ください。

14) 能動的に計測用の信号を発するのではなく，環境に存在する音響信号を計測する方法です。

音響信号を活用して人物の 3 次元姿勢を推定する手法として，筆者が論文著者の一人として関わった，CVPR2023 に採録された研究を紹介します[13]。

音響信号を人物の状態推定に活用する取り組みとして，従来，パッシブ音響センシング[14] によるジェスチャー認識や姿勢推定が提案されていました。しか

し，これらの手法では，人間の音声 [14] や生活音 [15]，楽器の演奏音 [16] などの姿勢情報に直接結び付く音響情報を，ユーザー自らが発する必要があります。そのような音響情報がなくても人物状態推定を可能にする手法として，アクティブ音響センシングに基づく手法 [17] も提案されています。しかし，これらの手法はユーザーが何らかのデバイスを把持することが前提となる，侵襲的な計測を必要とします。

このような背景のもとで，人物の 3 次元姿勢情報を非侵襲的に推定する試みは，この CVPR2023 の論文が初めてです。この手法は，人物姿勢を画像を介して "見る" のではなく，音響情報を用いて人の姿勢を推定する，いわば「人の 3 次元姿勢を "聴く" ことは可能なのか？」を調査するというものです。具体的には，図 3 に示すように，マイクとスピーカーとの間に存在する人物の動作を，それによって生じる音場の変化から推定します。これにより，明示的に人物状態の手がかりとなるような会話などの音声情報なしで，非侵襲的な推定を可能

(a) システム構成

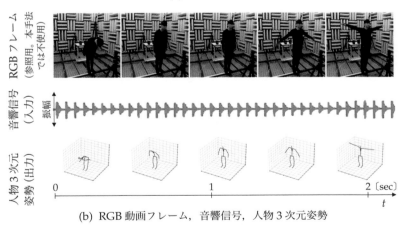

(b) RGB 動画フレーム，音響信号，人物 3 次元姿勢

図 3 音響信号を用いた人物状態推定の研究概要（[13] より引用）。(a) システム構成，(b) 参照用の RGB 動画フレームおよび入出力である音響信号と人物 3 次元姿勢。

にしています。

　ただし，音響信号を用いるこの手法ならではの課題として，身体で反射・回折される信号は体格によって異なるため，あらゆる人物に有効な推定が難しいという点があります。そこで，敵対的学習を活用して体格による分布差が小さい特徴量を作成することで，未知の人物に対する推定精度を向上させています。なお，残響音や回折音の影響が少ない無響室環境だけではなく，実用性を意識した教室環境でもデータセットを構築して手法の有効性を確認しており，データセットやソースコードの公開も行っています。

3.2　無線信号を用いた人物状態推定 (1)：mmMesh

Hongfei Xue, et al.: "mmMesh: Towards 3D Real-Time Dynamic Human Mesh Construction Using Millimeter-Wave" (2021) [18]

　近年，数 GHz の周波数帯をもつ WiFi 信号を人物姿勢推定に活用する手法 [19, 20, 21, 22] や，それらから発展した人物行動認識に関する手法 [20, 23] が提案されており，無線信号には人物の姿勢や行動を推定するための多くの手がかりが含まれていることが示されてきました。また，ミリ波（76〜81 GHz）を使用した人物姿勢推定手法 [24, 25] も提案されています。1 節で述べたように，無線信号を人物状態推定に活用することにはさまざまな技術的課題がありますが，無線信号を活用することで暗所耐性を有する人物状態推定が実現します。また，信号波長が比較的長いことから，木材などを透過して推定を行うことが可能なため，遮蔽耐性の観点でもメリットがあります。ここでは，ミリ波信号のみを入力として，初めて人物メッシュ復元に成功した手法である mmMesh [18] を紹介したいと思います。この論文は，ACM MobiSys という，モバイルシステムやそのアプリケーション，サービスに関する難関国際会議に採択されたもので，コンピュータビジョンの会議で発表されたものではないのですが，手法自体はコンピュータビジョン分野の研究を行う上でも大いに参考になるものですので，本稿で紹介することにしました。

　mmMesh の提案ネットワークは，入力であるミリ波の反射信号から求めた点群（以降，ミリ波点群と記載します）を高次元の特徴に変換するモジュールである Base Module，その出力を用いて大域特徴量を求める Global Module，ミリ波点群および Global Module で求めた特徴量を入力として局所特徴量を求める Anchor Points Module，これらのモジュールで得られた特徴ベクトルにより SMPL メッシュモデルを推定する SMPL Module から構成されています（図4）。Global Module では，PointNet [26] に着想を得て，点群を SharedMLP により効率良く処理しており，点群全体を入力として特徴量を求め，大まかに人

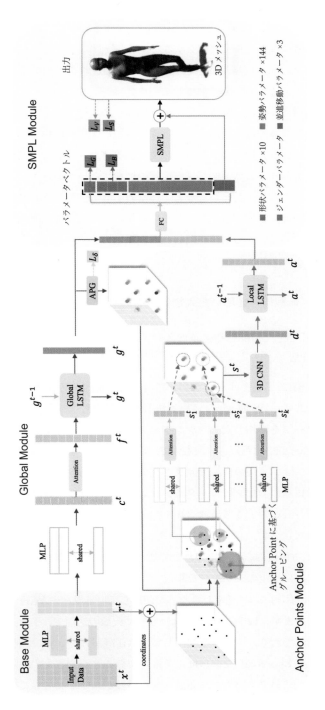

図 4 mmMesh のモデルのアーキテクチャ（[18] より引用）

物の位置や姿勢を学習します。人の向きなどの空間情報をより正確に求めるために，Anchor Points Module では，縦長の直方体上の 3 次元格子状に配置された格子点（この論文では Anchor Point と呼ばれています）の位置を用いてミリ波点群をグルーピングすることで，位置エンコーディングを行っています。この Anchor Point は縦長の直方体に固定されたものであるため，人物が起立状態にあることを暗に前提しています。

同様に，頭部・胴体・足の領域を 3 つの円柱でモデル化し，人物領域に合わせてミリ波点群を抽出するという，単純な図形を活用したミリ波点群処理を導入している人物姿勢推定手法 [25] も提案されています。この処理も，人物が起立しており，人体領域がほぼ縦長の形状になっているという前提に基づくもので，横になる，しゃがむなどの通常の生活で出現しうるさまざまな姿勢を推定する際は，精度が悪化してしまいます。本稿の筆者の研究グループでは，より自由度の高い 6 つの球を用いた人物領域のモデル化により，この課題を解決しています [27]。

3.3 無線信号を用いた人物状態推定 (2)：Wi-Mesh

Yichao Wang, et al.: "Wi-Mesh: A WiFi Vision-Based Approach for 3D Human Mesh Construction" (2023) [28]

最後に，WiFi ルータを用いて計測した信号のみから人物の形状メッシュを復元する，Wi-Mesh という手法 [28] を紹介します。この研究は，センサネットワークを活用したセンシングシステムに関する最難関国際会議である ACM SenSys2022 に採録されたもので，上記で触れた mmMesh と同様に，コンピュータビジョン分野の会議で発表されたものではありませんが，マルチモーダルな入力に基づくコンピュータビジョン手法とパターン認識手法が注目を集めている昨今，このような研究を知ることにも意味があると考え，本稿で紹介させていただきます。

Wi-Mesh は，本稿でこれまで述べてきた手法とは異なり，人物を計測するためだけに専用のデバイスを用意せずに人物状態推定を行うことを目指しています。具体的には，通常われわれが使用している既存の WiFi ルータを計測に活用しています。WiFi ルータには一般的に複数の送信アンテナと受信アンテナが搭載されており，これらを利用して，WiFi 信号が人体に反射した 2 次元の AoA（angle of arrival; 受信角度）を推定することができます。簡単に原理を説明すると，送信アンテナから発信された信号が人体に反射して複数の受信アンテナに到達する際，各受信アンテナ間には距離があるため，位相の異なる信号を受信することになり，その位相差から人体によって反射した点とアンテナとの角

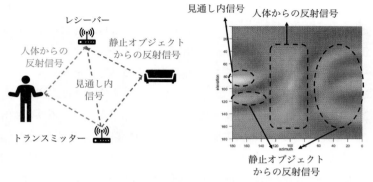

(a) 静止オブジェクトと人物からの反射信号による AoA 画像

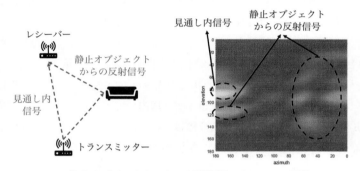

(b) 静止オブジェクトからの反射信号による AoA 画像

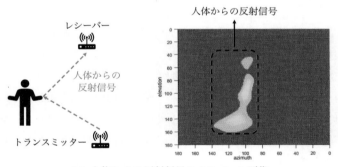

(c) 人物からの反射信号による AoA 画像

図 5　Wi-Mesh において AoA 画像から人物領域を推定する方法（[28] より引用）

度を計算することができる，というわけです。これにより，図 5 の各図右側に示すように，WiFi 信号を反射した物体（つまり，家具，壁，送信アンテナなどの静止オブジェクトや人体）の空間的な位置をある程度把握できます。

　しかし，この 2 次元の AoA 画像には，上述のように，人物による反射だけではなく，他の静止オブジェクトによる反射波も含まれています。また，WiFi

信号は，その波長が長いことから人体の表面で鏡面反射します。そのため，角度によっては人体の空間情報があまり良く計測できない場合があります。ここで，AoA 画像を時系列フレームとして用意することを考えます。すると，複数フレームの AoA 画像を合成することで，人体全体がうまく計測できていなくても，ある程度空間情報を補間することが可能になります。また，フレーム間の差分をとり，時系列的に動きがあった領域（つまり，人物領域）のみを抽出することで，図 5 (c) のように人物領域の手がかりを精度良く得ることができます。

これらの処理を学習ベースで行うために，Wi-Mesh のネットワークは，CNN，2 層の GRU（gated recurrent unit; ゲート付き再帰型ユニット），自己注意（self-attention）機構を備えています。CNN [15] は，入力された複数の 2 次元 AoA 画像から人体の静的な空間情報（たとえば，体型の空間情報）を抽出するために用いられます。一方，GRU は，さまざまな姿勢における人体の動的な変形を解析する目的で用いられます。また，自己注意機構は，各 2 次元 AoA 画像フレームの寄与度を考慮した学習を行うために導入されています。出力は SMPL モデルのパラメータです。WiFi ルータはすでに屋内に導入されていることが多いため，Wi-Mesh で人物状態推定を行う際は，専用の計測機器などを用意する必要がなく，導入コストが低いことが大きなメリットとなりそうです。

[15] 具体的には，ResNet-18 を用いています。

4 おわりに

本稿では，非侵襲的な計測方法に基づき，かつ一般的な RGB 動画像を入力としない人物状態推定手法を紹介しました。まず，人物状態推定への活用例がある計測デバイスやモダリティについて概説し，それぞれのメリット・デメリットについて述べた後，各計測方法やモダリティを用いた人物状態推定に関する最新の研究をいくつか紹介しました。多くの魅力的なアプリケーションが期待される非侵襲的な人物状態推定技術は，多様な計測情報を活用しながら取り組んでいくことで，その応用先が大きく広がります。本稿が，こうした研究開発を推進する一助となれば幸いです。

参考文献

[1] Zhe Cao, Tomas Simon, Shih-En Wei, and Yaser Sheikh. Realtime multi-person 2D pose estimation using part affinity fields. In *IEEE Conference on Computer Vision and Pattern Recognition (CVPR)*, pp. 1302–1310, 2017.

[2] Ahmed Kirmani, Tyler Hutchison, James Davis, and Ramesh Raskar. Looking around the corner using transient imaging. In *IEEE International Conference on Computer Vision (ICCV)*, pp. 159–166, 2009.

[3] Henri Rebecq, René Ranftl, Vladlen Koltun, and Davide Scaramuzza. High speed

and high dynamic range video with an event camera. *IEEE Transactions on Pattern Analysis and Machine Intelligence (TPAMI)*, Vol. 43, No. 06, pp. 1964–1980, 2021.

[4] Shihao Zou, Chuan Guo, Xinxin Zuo, Sen Wang, Hu Xiaoqin, Shoushun Chen, Minglun Gong, and Li Cheng. EventHPE: Event-based 3D human pose and shape estimation. In *IEEE International Conference on Computer Vision (ICCV)*, pp. 4710–4720, 2021.

[5] Guillermo Gallego, Tobi Delbrück, Garrick Orchard, Chiara Bartolozzi, Brian Taba, Andrea Censi, Stefan Leutenegger, Andrew J. Davison, Jörg Conradt, Kostas Daniilidis, and Davide Scaramuzza. Event-based vision: A survey. *IEEE Transactions on Pattern Analysis and Machine Intelligence (TPAMI)*, Vol. 44, No. 1, pp. 154–180, 2022.

[6] Enrico Calabrese, Gemma Taverni, Christopher A. Easthope, Sophie Skriabine, Federico Corradi, Luca Longinotti, Kynan Eng, and Tobi Delbruck. DHP19: Dynamic vision sensor 3D human pose dataset. In *IEEE Conference on Computer Vision and Pattern Recognition Workshops (CVPRW)*, pp. 1695–1704, 2019.

[7] Gianluca Scarpellini, Pietro Morerio, and Alessio D. Bue. Lifting monocular events to 3D human poses. In *IEEE Conference on Computer Vision and Pattern Recognition Workshops (CVPRW)*, pp. 1358–1368, 2021.

[8] Lan Xu, Weipeng Xu, Vladislav Golyanik, Marc Habermann, Lu Fang, and Christian Theobalt. EventCap: Monocular 3D capture of high-speed human motions using an event camera. In *IEEE Conference on Computer Vision and Pattern Recognition (CVPR)*, pp. 4968–4978, 2020.

[9] 堀涼介, 五十川麻理子, 三上弾, 斎藤英雄. イベントカメラを用いた三次元人物姿勢および形状推定. コンピュータビジョンとイメージメディア（CVIM）研究会, 第 2022-CVIM-231 巻, pp. 1–8, 2022.

[10] Mariko Isogawa, Ye Yuan, Matthew O'Toole, and Kris M. Kitani. Optical non-line-of-sight physics-based 3D human pose estimation. In *IEEE Conference on Computer Vision and Pattern Recognition (CVPR)*, pp. 7013–7022, 2020.

[11] Guy Satat, Matthew Tancik, Otkrist Gupta, Barmak Heshmat, and Ramesh Raskar. Object classification through scattering media with deep learning on time resolved measurement. *Optics Express*, Vol. 25, No. 15, pp. 17466–17479, 2017.

[12] Matthew O'Toole, David B. Lindell, and Gordon Wetzstein. Confocal non-line-of-sight imaging based on the light-cone transform. *Nature*, Vol. 555, No. 7696, pp. 338–341, 2018.

[13] Yuto Shibata, Kawashima Yutaka, Mariko Isogawa, Go Irie, Akisato Kimura, and Yoshimitsu Aoki. Listening human behavior: 3D human pose estimation with acoustic signals. In *IEEE Conference on Computer Vision and Pattern Recognition (CVPR)*, pp. 13323–13332, 2023.

[14] Jing Li, Di Kang, Wenjie Pei, Xuefei Zhe, Ying Zhang, Zhenyu He, and Linchao Bao. Audio2Gestures: Generating diverse gestures from speech audio with conditional variational autoencoders. In *IEEE International Conference on Computer Vision (ICCV)*, pp. 11293–11302, 2021.

[15] Ruohan Gao, Tae-Hyun Oh, Kristen Grauman, and Lorenzo Torresani. Listen to look:

Action recognition by previewing audio. In *IEEE Conference on Computer Vision and Pattern Recognition (CVPR)*, pp. 10457–10467, 2020.

[16] Eli Shlizerman, Lucio M. Dery, Hayden Schoen, and Ira Kemelmacher-Shlizerman. Audio to body dynamics. In *IEEE Conference on Computer Vision and Pattern Recognition(CVPR)*, pp. 7574–7583, 2017.

[17] Yuki Kubo, Yuto Koguchi, Buntarou Shizuki, Shin Takahashi, and Otmar Hilliges. AudioTouch: Minimally invasive sensing of micro-gestures via active bio-acoustic sensing. In *International Conference on Human-Computer Interaction with Mobile Devices and Services (MobileHCI)*, pp. 1–13, 2019.

[18] Hongfei Xue, Yan Ju, Chenglin Miao, Yijiang Wang, Shiyang Wang, Aidong Zhang, and Lu Su. mmMesh: Towards 3D real-time dynamic human mesh construction using millimeter-wave. In *International Conference on Mobile Systems, Applications and Services (MobiSys)*, pp. 269–282, 2021.

[19] Mingmin Zhao, Tianhong Li, Mohammad Abu Alsheikh, Yonglong Tian, Hang Zhao, Antonio Torralba, and Dina Katabi. Through-wall human pose estimation using radio signals. In *IEEE Conference on Computer Vision and Pattern Recognition (CVPR)*, pp. 7356–7365, 2018.

[20] Yonglong Tian, Guang-He Lee, Hao He, Chen-Yu Hsu, and Dina Katabi. RF-based fall monitoring using convolutional neural networks. *ACM on Interactive, Mobile, Wearable and Ubiquitous Technologies (IMWUT)*, Vol. 2, No. 3, pp. 1–24, 2018.

[21] Mingmin Zhao, Yingcheng Liu, Aniruddh Raghu, Tianhong Li, Hang Zhao, Antonio Torralba, and Dina Katabi. Through-wall human mesh recovery using radio signals. In *IEEE International Conference on Computer Vision (ICCV)*, pp. 10113–10122, 2019.

[22] Wenjun Jiang, Hongfei Xue, Chenglin Miao, Shiyang Wang, Sen Lin, Chong Tian, Srinivasan Murali, Haochen Hu, Zhi Sun, and Lu Su. Towards 3D human pose construction using WiFi. In *International Conference on Mobile Computing and Networking (MobiCom)*, pp. 1–14, 2020.

[23] Tianhong Li, Lijie Fan, Mingmin Zhao, Yingcheng Liu, and Dina Katabi. Making the invisible visible: Action recognition through walls and occlusions. In *IEEE International Conference on Computer Vision (ICCV)*, pp. 872–881, 2019.

[24] Arindam Sengupta and Siyang Cao. mmPose-NLP: A natural language processing approach to precise skeletal pose estimation using mmWave radars. *IEEE Transactions on Neural Networks and Learning Systems*, pp. 1–12, 2022.

[25] Hao Kong, Xiangyu Xu, Jiadi Yu, Qilin Chen, Chenguang Ma, Yingying Chen, Yi-Chao Chen, and Linghe Kong. m^3Track: mmWave-based multi-user 3D posture tracking. In *International Conference on Mobile Systems, Applications and Services (MobiSys)*, pp. 491–503, 2022.

[26] Charles R. Qi, Hao Su, Kaichun Mo, and Leonidas J. Guibas. PointNet: Deep learning on point sets for 3D classification and segmentation. In *IEEE Conference on Computer Vision and Pattern Recognition (CVPR)*, pp. 652–660, 2017.

[27] Kotaro Amaya and Mariko Isogawa. Adaptive and robust mmWave-based 3D human mesh estimation for diverse poses. In *IEEE International Conference on Image Processing*

(ICIP), pp. 455–459, 2023.

[28] Yichao Wang, Yili Ren, Yingying Chen, and Jie Yang. Wi-Mesh: A WiFi vision-based approach for 3D human mesh construction. In *ACM Conference on Embedded Networked Sensor Systems (SenSys)*, pp. 362–376, 2023.

いそがわ まりこ（慶應義塾大学）

フカヨミ レイアウト生成
画像の「構図」を自由に操る足がかり

‥‥

■井上直人

何かを制作する際，まず大まかな構成を考えてから詳細な手順に進んでいくのは，人間にとっては馴染み深い過程です。コンピュータビジョンの分野でも，利用者の意図に沿った高次元で複雑なデータを生成する過程を，(1) 比較的低次元な構図の生成，(2) データそのものの生成に分ける事例が数多く存在します。本稿では，このうちの (1)，すなわちレイアウト（layout）と呼ばれる構図表現について紹介します。レイアウトは，図 1 に示すように，何の要素が（種類）どこに（位置）配置されているかを表す情報のことを指します。本稿では，まずレイアウトに関する基礎知識を述べた後に，利用者の意図に沿ったレイアウトを自動生成する研究の最近の動向と課題を紹介します。そして，筆者らがCVPR2023 で発表した，LayoutDM [1] という，単一のモデルでさまざまな手がかりからレイアウトを生成する手法について解説します。

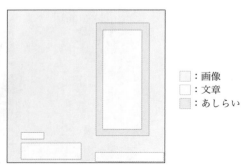

図 1 グラフィックデザインの例と，そのもととなっているレイアウトの例

1 レイアウトに関する前提知識

1.1 定義

レイアウトは，一般的にはそれぞれがさまざまな属性をもつ N 個の要素から構成された集合 $\{o_1, \ldots, o_N\}$ と表現されます。最も代表的な設定では，以下の2 種類を各要素 o_i の属性として定義します[1]。

[1] コンピュータビジョン分野の多くの人には，物体検出（object detection）の代表的な教師データと同じというほうが伝わりやすいかもしれません。

- カテゴリ情報 c：各要素が何であるかの大まかな分類を示します。広告のためのレイアウトであれば，たとえば文章，画像，あしらい[2)]，ロゴなどがあるでしょう。多くの場合，分野に応じて事前に種類数 C を定め，$c = [0, \ldots, C-1] \in \mathbb{N}$ と，1 次元の離散変数で表現します。

- 位置情報 θ：各要素がどこにあるかを示します。多くの場合，連続変数で表現し，次元数は対象分野に依存します。

レイアウトの研究が行われてきた代表的な分野は，以下のとおりです[3)]。

- 画像 [2]・グラフィックデザイン [3]：最も代表的な分野です。位置情報は，平面上での長方形の中心座標と大きさを表す 4 次元です。

- 家具配置 [4]：位置情報として要素の向きも考慮します。

- 家の間取り図 [5]・都市における建物の配置 [6]：各要素が部屋や建物に相当します。これらは形状が複雑なため，長方形の代わりに多角形で位置情報が表現されるのが普通です。

1.2　レイアウト生成

データそのものの生成よりは簡単だとはいえ，レイアウトの各要素を人が 1 つ 1 つ設定するのもまた大変に骨の折れる作業です。そこで，レイアウトだけを生成するモデルの研究も盛んに行われてきました。生成モデルを考える上で定番の画像や言語といった分野とは異なる，レイアウトの特殊な点は以下のとおりです。

- 集合（set）：画像や言語は系列（sequence）形式のデータであり，構成要素どうしを入れ替える操作[4)] は，データの意味を変えてしまいます。しかし，レイアウトは集合形式のデータであり，要素 o_i 単位の入れ替えは意味の変化をもたらしません[5)]。そのため，系列生成用のモデルをレイアウト生成に適用する際には注意が必要です。

- 変数の多様性：レイアウトは離散変数/連続変数をどちらも含みます。そのため，レイアウトの生成モデルにはさまざまな属性を入出力できる柔軟性が求められます。

- 制御性：レイアウトは最終成果物ではなく，最終成果物に求められる条件を可能な限り明示的に表した構図表現です。レイアウトを生成する際には，求められる条件を正確に反映しつつ，条件にない部分を尤もらしく補完して，全体として整合をとることが求められます。

2) 情報を際立たせるために用いられるさまざまな装飾のこと。通常は，ベクタグラフィックスで表現されます。

3) 引用数が膨大になってしまいますので，初期の代表的な研究についてのみ言及します。

4) さまざまな粒度での入れ替えが考えられますが，画像におけるピクセル，言語における 1 文字の入れ替えが一番わかりやすいでしょう。

5) レイアウトを可視化する際には，被って見えない要素が発生しないように面積の大きい順に奥から配置したり，透明度のある矩形を表示して対応したりするのが普通です。しかし，あくまで便宜的なもので，通常は，データ自体にそのための追加情報をもたせる必要はありません。

1.3 レイアウト生成の研究動向

1.1 項でレイアウトの分野としていくつか例示しましたが，これ以降の本稿の議論は，LayoutDM が扱っている，2 次元平面上での画像・グラフィックデザインのレイアウトを対象にして進めます。機械学習を用いたレイアウト生成モデル研究の先駆けとなったのは，LayoutGAN [3] です。生成モデルの一種である GAN（generative adversarial network）[7] を用いて，集合生成問題を直接解いています。近年は，レイアウト中の要素に順序をつけて[6]，さらに連続値である位置情報を離散化してデータ全体を離散変数の系列と見なし，自然言語処理分野で定石となった Transformer [8] を用いた自己回帰（auto-regressive）によってレイアウトを生成する手法が主流です [9, 10, 11, 12]。

ここまでの研究は，基本的に利用者の要求を考慮せずにレイアウトを行うものです。レイアウトの生成における条件の設定例を図 2 に示します。各設定に専用のモデルが，さまざまな研究により構築されてきました [13, 14, 15, 16]。1 つのモデルですべての設定を扱えるのが，運用面からも異なる設定間の類似性の面からも，理想的だと考えられますが，

- 自己回帰型 Transformer を用いた既存モデル [9, 10, 11, 12] では，学習時に設定した生成順はテスト時も固定されるため，与えられた条件を十分に考慮できないことがある
- 非自己回帰型 Transformer を用いた既存モデル [16] では，レイアウトの要素数が事前にわかっている状況しか扱えない

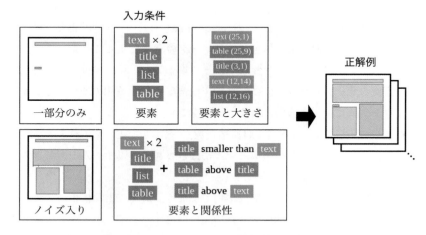

図 2　制御可能なレイアウト生成の 5 つの設定例（[1] を改変して引用）。「一部分のみ」は，いくつかの要素の全情報が既知なときに残りの要素を埋める設定で，「ノイズ入り」は，要素のカテゴリ情報は既知だが現状のレイアウトにおける要素の大きさ・位置が不正確であるときにそれらを補正する設定です。

[6] たとえば，要素の左上の座標の値を基準に，左上 → 右下の順にソートします。

- 与えられた条件を処理するためには，モデル構造を大きく改変する必要がある [13]

など，それぞれさまざまな制約があり，実現できていませんでした。提案手法である LayoutDM では，非自己回帰型の離散拡散モデルを基盤にし，改良を積み重ねて上記の制約を解消することで，図2で列挙したさまざまな設定を同一モデルで相応の精度をもって解けることを初めて実証しました。

2 離散拡散モデル

　LayoutDM の基盤となる離散拡散モデル（discrete diffusion model）[17] について，大まかな流れを説明します。拡散モデル [18] は生成モデルの一種で，拡散過程・逆拡散過程の双方がマルコフ過程[7]であるという特徴があります。多くの拡散モデルの研究は，各要素が連続値をとる画像などのデータに関して行われてきましたが，Austin ら [17] は，各要素が離散値をとる言語などのデータを対象とした拡散モデルである離散拡散モデル "D3PMs"（discrete denoising diffusion probabilistic models）を確立しました。

　まず，データにノイズを加えていく拡散過程について説明します[8]。この過程では，図3に示すように，データ中の各次元の離散値が確率的に別の値へと置き換わり，徐々に情報量が落ちていきます。拡散モデルが $T \in \mathbb{N}$ ステップの過程で表されるものとします。時間 $t \in \{0, 1, \ldots, T\}$ において K 個の値をとりうる離散変数 $z_t \in \{1, 2, \ldots, K\}$ を考えます。z_{t-1} が z_t に遷移する確率は，遷移行列 $\mathbf{Q}_t \in [0, 1]^{K \times K}$ を用いて表現されます[9]。

$$q(z_t | z_{t-1}) = v(z_t)^\top \mathbf{Q}_t v(z_{t-1}) \tag{1}$$

ここで $\mathbf{Q}_t$ の m 行 n 列目の要素 $[\mathbf{Q}_t]_{mn}$ は，$z_{t-1} = n$ のときに $z_t = m$ に遷移する確率であり，$v(z_t) \in \{0, 1\}^K$ はワンホットベクトル（one-hot vector）です。

7) 経過には関係なく，現在の状態のみによって，次に起こる事象の確率が決まる過程。

8) 数式の表記は，LayoutDM の表記法との一貫性をとるため，D3PMs ではなく VQDiffusion [19] に従っています。

9) $\mathbf{Q}_t$ の設計は難しく，文献 [17] では，(1) $\mathbf{Q}_t$ の各列の和が 1 であることと，(2) $\overline{\mathbf{Q}}_t$ の各列が t を大きくしたときに既知の定常分布に収束することの 2 点が必要とされており，いくつかの遷移行列が提案されています。

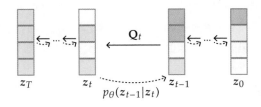

図3　離散拡散モデルの概要図。簡単のためにデータの次元を 4 次元としています。右から左へ向かい t が増加する過程が拡散過程，左から右へ向かい t が減少する過程が逆拡散過程です。

マルコフ性の仮定により $\overline{\mathbf{Q}}_t = \mathbf{Q}_t \mathbf{Q}_{t-1} \cdots \mathbf{Q}_1$ とすると，

$$q(z_t|z_0) = v(z_t)^{\top} \overline{\mathbf{Q}}_t v(z_0) \tag{2}$$

と表現できます。これにより，$\overline{\mathbf{Q}}_t$ を $t \in T$ について事前に一度だけ計算して保持しておけば，z_0 が z_t に遷移する確率は，どんな t に対しても 1 回で簡単に計算することができます[10]。モデルで実際に扱いたい N 次元の離散変数 $z_t \in \{1, 2, \ldots, K\}^N$ に対して，次元ごとにこの過程を適用します[11]。

次に，逆拡散過程について説明します。この過程では，現在観測できるデータを入力として受け取り，よりノイズが少ないデータを推定することを繰り返して，最終的に高品質なデータを生成することを目指します。学習可能なニューラルネットワーク $p_{\theta}(z_{t-1}|z_t) \in [0,1]^{N \times K}$ を用いて，z_t が与えられたときの z_{t-1} の各次元の事後確率を予測します。各次元でそれぞれサンプリングを行うことで，N 次元の離散変数 z_{t-1} を得ます。各次元を逐次的に予測する自己回帰型モデルに比べると，各次元の予測どうしが調和しないこともありますが，予測を繰り返すことで徐々に調和がとれていくことを期待します。

モデルの学習は連続拡散モデルと同様で，ランダムに t をサンプリングしてそこから式 (2) により (z_t, z_{t-1}) を計算し，$p_{\theta}(z_{t-1}|z_t) \in [0,1]^{N \times K}$ の予測が正確になるように[12] 学習して p_{θ} を更新していきます。ニューラルネットワークとしては，通常の拡散モデルと同様に，言語のような 1 次元データであれば Transformer Encoder，画像のような 2 次元データであれば UNet を基盤としたものが主に用いられます。

3 LayoutDM

この節では，提案手法である LayoutDM の詳細を説明します。最初に表記法を紹介します。近年のレイアウト生成研究と同様に，レイアウト l は離散変数[13]の系列として $l = (c_1, x_1, y_1, w_1, h_1, \ldots, c_E, x_E, y_E, w_E, h_E)$ と表現します。E は要素数，c_i は i 番目の要素のカテゴリ情報を表します。(x_i, y_i, w_i, h_i) は i 番目の要素の 2 次元的な位置情報を表し，前から順に，x 軸方向の中心座標，y 軸方向の中心座標，x 軸方向の大きさ，y 軸方向の大きさに対応します。

3.1 条件なし生成

2 節で紹介した離散拡散モデルをレイアウト生成に適用させるために行った，LayoutDM の代表的な工夫を図 4 に示します。

[10] 拡散過程を高速に計算するために必須の性質で，連続値の拡散モデルは正規分布の加法性を用いて同様の性質を実現しています。

[11] 変数の各次元は相関している可能性が非常に高いですが，議論をスムーズに進めるために，拡散過程については独立であるという仮定を置いています。これは連続値の拡散モデルでも同様です。

[12] 学習に用いる損失関数の詳細は，[17] をご参照ください。

[13] 位置情報は本来連続値ですから，量子化誤差が発生するという欠点がありますが，言語生成などの離散系列生成手法ですでに確立された技法を使えるという利点が欠点を上回るため，離散値を採用しています。

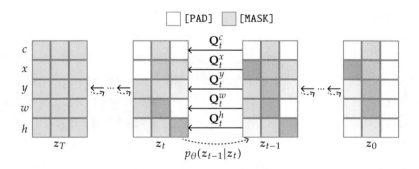

図4　LayoutDM の概要。属性ごとに独立な拡散過程を採用し，初期状態 z_T は特殊トークン [MASK] の一様分布として表現されます。逆拡散過程では徐々にレイアウトを生成し，特殊トークン [PAD] を使って全体の要素数を制御します。

可変長生成

拡散モデルは固定長のデータを生成します。1.2 項で紹介したように，レイアウトに含まれる要素の数は一定でないため，l のデータ形式そのものに対して直接拡散モデルを学習することは不可能です。そこで，LayoutDM では最大要素数 M を定義し，l と $5(M - E)$ 個の特殊トークン [PAD] を結合しています。$z_0 = (c_1, x_1, y_1, \ldots, w_E, h_E, [\texttt{PAD}], \ldots, [\texttt{PAD}])$ として，レイアウトが系列長 $N = 5M$ で一定の離散変数の系列であると表現し直すことで，離散拡散モデルの適用が可能になります。

属性ごとに独立な拡散過程

2 節で紹介したように，従来の離散拡散モデルでは，系列中の各変数はすべての状態に遷移することが原理的に可能です。しかし，レイアウトの場合には，たとえばカテゴリを表す変数が位置を表す変数に替わるような遷移は非現実的で，系列内の位置を考慮すると簡単に検知できてしまいます[14]。そこで，図4に示したように，拡散過程では属性ごとに独立した遷移行列 $\mathbf{Q}_t^c, \mathbf{Q}_t^x, \mathbf{Q}_t^y, \mathbf{Q}_t^w, \mathbf{Q}_t^h$ で，それぞれ属性 c, x, y, w, h を表す次元の拡散過程を表現します。逆拡散過程は従来と変わらず，$p_\theta(z_{t-1}|z_t)$ を用いて推論します。

3.2　条件付き生成

ここでは，3.1 項で説明した，レイアウトを生成できる拡散モデルを学習させた後に，モデルの重みを変更せずに多様な条件付き生成問題を解く方法を解説していきます。さまざまな条件は，初期状態 z_T および逆拡散過程内の各状態 $\{z_t\}_{t=0}^{T-1}$ に対する変更として表現されます。

[14] たとえば，カテゴリを表すトークンは l 中で $5n+1$（$n \in \mathbb{N}$）番目に来るように整列しているので，それ以外の場所にカテゴリを示す変数状態が来るのは明らかに不自然です。

強い制約

最も頻出する制約は，生成すべきレイアウトの一部の次元が既知である場合です。この場合は，z_{t-1} を得る際に，既知な次元に関しては予測結果に代えて既知な値を代入することで，明示的に制約を強制します。$z^{\text{known}} \in \mathbb{Z}^N$ を既知次元を含んだ配列とし，$m \in \{0,1\}^N$ は z^{known} 内で既知な次元に対して 1 を，未知な次元に対して 0 を割り当てたマスク配列とします。各時刻 t において，z_{t-1} は $\hat{z}_{t-1}$ が $p_\theta(z_{t-1}|z_t)$ からサンプリングされた後，N 次元の全要素が 1 の配列 $\mathbf{1}$ と要素積を表す演算子 $\odot$ を用いて，z_{t-1} は $z_{t-1} = m \odot z^{\text{known}} + (\mathbf{1} - m) \odot \hat{z}_{t-1}$ と表現されます。

弱い制約

15) 図 2 だと，「ノイズ入り」と「要素と関係性」の設定が該当します。

「ある要素が上のほうに来てほしい（が，具体的な値は指定しない）」といった曖昧な制約[15] も，拡散モデルの特徴である各次元の予測を繰り返し更新するという工程を活用して，レイアウト生成に盛り込むことが可能です。LayoutDM では，さまざまな曖昧な制約を，追加学習や外部モデルを用いずに，動的にサンプリング時に追加します。

$$\log \hat{p}_\theta(z_{t-1}|z_t) \propto \log p_\theta(z_{t-1}|z_t) + \lambda_\pi \pi \tag{3}$$

16) 最適値の探索が必要ですが，これは推論時にのみ必要なものであり，深層学習でよくある学習時のハイパーパラメータ設定に比べると，労力を要しません。

ここで，$\pi \in \mathbb{R}^{N \times K}$ は所望の出力を得るための prior 項であり，$\lambda_\pi \in \mathbb{R}$ はモデルの予測と prior 項の重要度を調整するハイパーパラメータです[16]。Prior 項は，直感的に表現できるものは直接書き下してしまってもよいですし，何らかの微分可能な損失関数を用いて定義しても構いません。後者の場合，モデルの予測 $p_\theta(z_{t-1}|z_t)$ を入力として受け取り，その良さを評価する損失関数 $\mathcal{L}$ を用いて，以下のように計算することができます。

$$\pi = -\nabla_{p_\theta(z_{t-1}|z_t)} \mathcal{L}\left(p_\theta\left(z_{t-1}|z_t\right)\right) \tag{4}$$

4　実験

この節では，LayoutDM の性能を検証した実験結果を簡潔に紹介します。

4.1　設定

データセット

2023 年現在では，Rico [20] と PubLayNet [21] という 2 つのデータセットが，比較のためによく用いられています。Rico はモバイルアプリのユーザーインターフェースに関するデータセットで，文字付きのボタン，ツールバー，入力フォー

ムなど 25 種類のカテゴリをもつ約 4 万件のデータセットです。PubLayNet は
学術論文に関するデータセットで，表，図，文章など 5 種のカテゴリからなる
約 33 万件のデータセットです。最大要素数 $M = 25$ とします[17]。

[17] $25 \times 5 = 125$ 個程度の長さの系列の生成問題となり，画像そのものの生成に比べると，計算コスト的にはかなり扱いやすい設定です。

評価指標

　レイアウト生成の評価には，大きく分けて 2 つの観点が存在します。

- 生成モデル一般としての評価
  画像生成モデルは，Fréchet Inception Distance（FID）[22] の大小で比較
  するのが一般的です。Sajjadi ら [23] によると，FID は，
  (1) 忠実性（fidelity）：生成されたデータが実データのいずれかに似た
      ものであるか
  (2) 多様性（diversity）：生成されたデータの分布が実データの分布と
      同じような分布をもつか
  という 2 つの観点を 1 変数に包含したものと解釈されています。この考
  え方はレイアウト生成評価にも適用されており [13, 14]，主要な評価指標
  となっています。
- レイアウト特有の評価
  2 要素の類似度は，IoU（intersection-over-union）で測ることができま
  す。Maximum IoU [14] では，これと最適マッチングを組み合わせるこ
  とにより，レイアウト間の類似度，さらにレイアウト集合間の類似度を
  計測しました[18]。

　利用者の要求に従って生成する条件付きレイアウト生成の設定では，難易度の
高い条件設定になってくると，達成すること自体が難しくなります（例：図 2 の
「要素と関係性」）。その場合には，提示条件を達成できなかった割合（violation
rate）と上述の観点の優劣のトレードオフを見て評価します。

[18] 「要素どうしが水平/垂直方向に揃っているか（alignment）」「要素どうしの重なりが少ないか（overlap）」といった人間の直感をそのまま再現した指標も存在しますが [3]，この種の指標は基本的に忠実性の観点のみを見ているため，論文では FID や Maximum IoU に加えて補助的に報告されるのが普通です。

4.2 結果

　LayoutDM が単一のモデルでさまざまな条件付き生成を相応に解けることを
示すため，図 2 で紹介した 5 つの設定で，既存手法や考えられるベースラインと
の比較を行いました。表 1 に，強い制約のみが与えられた 3 種の設定における
生成結果の定量比較を示します。式 (3) に従って制約を受け入れる LayoutDM
は，既存の設定特化モデルと汎用モデルに比べて，優れた性能を示すことがわ
かります。VQDiffusion と LayoutDM は，どちらも D3PM [17] を改良したモ
デルですが，3.1 項で述べたレイアウト特有の工夫の積み重ねにより，顕著な性
能差が出ています。図 5 に実際の生成結果を示します。正解例のレイアウトと

表1 図2に示した強い制約の3設定における各種モデルの定量比較（[1]を改変して引用）。各列の値はFID（低いほうが良い）であり，1番目/2番目に良い結果を下線（1番目はさらに太字）で強調しています。各設定の入力は，(i)要素，(ii)要素と大きさ，(iii)一部分のみで，RはRico，PはPubLayNetの略です。

| 設定入力 | (i) | | (ii) | | (iii) | |
データセット	R	P	R	P	R	P
設定特化モデル						
LayoutVAE [24]	33.3	26.0	30.6	27.5	-	-
NDN-none [13]	28.4	61.1	62.8	69.4	-	-
LayoutGAN++ [14]	6.84	24.0	6.22	9.94	-	-
汎用モデル						
LayoutTrans [10]	5.57	14.1	3.73	16.9	**3.71**	8.36
MaskGIT [25]	26.1	17.2	8.05	5.86	33.5	19.7
BLT [16]	17.4	72.1	4.48	5.10	117	131
BART [26]	3.97	9.36	3.18	5.88	8.87	9.58
VQDiffusion [19]	4.34	10.3	3.21	7.13	11.0	11.1
LayoutDM	**3.55**	**7.95**	**2.22**	**4.25**	9.00	**7.65**

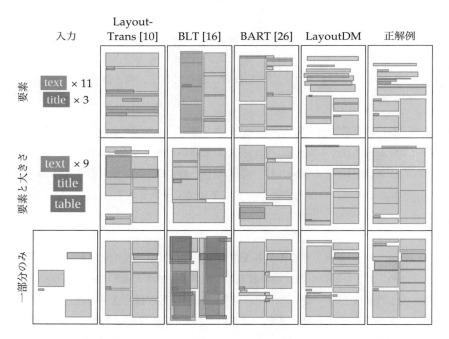

図5 PubLayNetにおいて強い制約を与えたときの各種モデルの生成結果の定性比較（[1]を改変して引用）

の類似度の高さに加え，左右が揃っているか，不必要に要素どうしが重なっていないかなどの観点からも，LayoutDM の生成結果が優れていることがわかります。

図 6 と図 7 では，強い制約に加え，弱い制約の補正（式 (4)）が必要な設定における生成結果の定性比較を示しています。いずれの場合にも，LayoutDM では，弱い制約を推論時に考慮することで，より良い生成結果が得られていることがわかります。

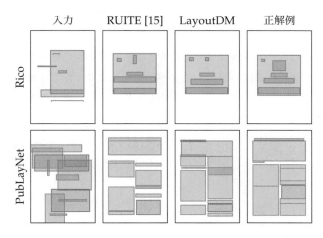

図 6　要素の大きさ・位置を弱い制約とした生成例（[1] を改変して引用）

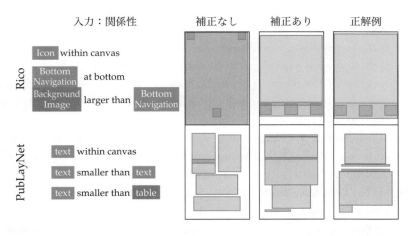

図 7　カテゴリに加え，要素間の関係性を弱い制約とした生成例（[1] を改変して引用）

5 今後の展望

　本稿では，まずレイアウトの定義，特性，使用例，そしてそれを生成する研究の動向を紹介した後に，筆者らがCVPR2023 で発表した，拡散モデルに基づく制御性の高いレイアウト生成モデルについて紹介しました。現在のモデルは主に位置とカテゴリ情報のみを予測するものですが，分野によっては，この情報だけでは構図として不十分な場合があるかもしれません。また，情報の精細化（例：自然言語によるカテゴリ情報の記述）なども，近年の生成モデルの能力向上を鑑みると可能かもしれません。制御性に関しても，多様な方法が考えられます（例：読み順や要素の縦横比 [27]）。

　生成モデルにおいて制御性は非常に大事な観点であり，レイアウト生成においてもその重要性は高まっていくことが予想されます。たとえば，言語指示による画像生成が近年注目を浴びていますが，利用者数・応用例が増えるのに伴い，解釈性と制御性を高める方法への関心も高まっており，その手段の1つとして，レイアウト生成を含んだ画像生成が注目されています [28, 29]。興味をもたれた方は，ぜひ本稿を足がかりにレイアウト生成を試してみてください。

参考文献

[1] Naoto Inoue, Kotaro Kikuchi, Edgar Simo-Serra, Mayu Otani, and Kota Yamaguchi. LayoutDM: Discrete diffusion model for controllable layout generation. In *CVPR*, 2023.

[2] Justin Johnson, Agrim Gupta, and Li Fei-Fei. Image generation from scene graphs. In *CVPR*, 2018.

[3] Jianan Li, Jimei Yang, Aaron Hertzmann, Jianming Zhang, and Tingfa Xu. Layout-GAN: Generating graphic layouts with wireframe discriminators. In *ICLR*, 2019.

[4] Paul Merrell, Eric Schkufza, Zeyang Li, Maneesh Agrawala, and Vladlen Koltun. Interactive furniture layout using interior design guidelines. *ACM TOG*, Vol. 30, No. 4, pp. 1–10, 2011.

[5] Nelson Nauata, Kai-Hung Chang, Chin-Yi Cheng, Greg Mori, and Yasutaka Furukawa. House-GAN: Relational generative adversarial networks for graph-constrained house layout generation. In *ECCV*, 2020.

[6] Fan Bao, Dong-Ming Yan, Niloy J. Mitra, and Peter Wonka. Generating and exploring good building layouts. *ACM TOG*, Vol. 32, No. 4, pp. 1–10, 2013.

[7] Ian Goodfellow, Jean Pouget-Abadie, Mehdi Mirza, Bing Xu, David Warde-Farley, Sherjil Ozair, Aaron Courville, and Yoshua Bengio. Generative adversarial nets. In *NeurIPS*, 2014.

[8] Ashish Vaswani, Noam Shazeer, Niki Parmar, Jakob Uszkoreit, Llion Jones, Aidan N. Gomez, Łukasz Kaiser, and Illia Polosukhin. Attention is all you need. In *NeurIPS*, 2017.

[9] Diego M. Arroyo, Janis Postels, and Federico Tombari. Variational Transformer networks for layout generation. In *CVPR*, 2021.

[10] Kamal Gupta, Alessandro Achille, Justin Lazarow, Larry Davis, Vijay Mahadevan, and Abhinav Shrivastava. LayoutTransformer: Layout generation and completion with self-attention. In *ICCV*, 2021.

[11] Zhaoyun Jiang, Shizhao Sun, Jihua Zhu, Jian-Guang Lou, and Dongmei Zhang. Coarse-to-fine generative modeling for graphic layouts. In *AAAI*, 2022.

[12] Despoina Paschalidou, Amlan Kar, Maria Shugrina, Karsten Kreis, Andreas Geiger, and Sanja Fidler. ATISS: Autoregressive Transformers for indoor scene synthesis. In *NeurIPS*, 2021.

[13] Hsin-Ying Lee, Weilong Yang, Lu Jiang, Madison Le, Irfan Essa, Haifeng Gong, and Ming-Hsuan Yang. Neural design network: Graphic layout generation with constraints. In *ECCV*, 2020.

[14] Kotaro Kikuchi, Edgar Simo-Serra, Mayu Otani, and Kota Yamaguchi. Constrained graphic layout generation via latent optimization. In *ACMMM*, 2021.

[15] Soliha Rahman, Vinoth P. S. Pandian, and Matthias Jarke. RUITE: Refining UI layout aesthetics using Transformer encoder. In *26th International Conference on Intelligent User Interfaces-Companion*, 2021.

[16] Xiang Kong, Lu Jiang, Huiwen Chang, Han Zhang, Yuan Hao, Haifeng Gong, and Irfan Essa. BLT: Bidirectional layout Transformer for controllable layout generation. In *ECCV*, 2022.

[17] Jacob Austin, Daniel D. Johnson, Jonathan Ho, Daniel Tarlow, and Rianne van den Berg. Structured denoising diffusion models in discrete state-spaces. In *NeurIPS*, 2021.

[18] Jascha Sohl-Dickstein, Eric Weiss, Niru Maheswaranathan, and Surya Ganguli. Deep unsupervised learning using nonequilibrium thermodynamics. In *ICML*, 2015.

[19] Shuyang Gu, Dong Chen, Jianmin Bao, Fang Wen, Bo Zhang, Dongdong Chen, Lu Yuan, and Baining Guo. Vector quantized diffusion model for text-to-image synthesis. In *CVPR*, 2022.

[20] Biplab Deka, Zifeng Huang, Chad Franzen, Joshua Hibschman, Daniel Afergan, Yang Li, Jeffrey Nichols, and Ranjitha Kumar. Rico: A mobile app dataset for building data-driven design applications. In *UIST*, 2017.

[21] Xu Zhong, Jianbin Tang, and Antonio J. Yepes. PubLayNet: Largest dataset ever for document layout analysis. In *ICDAR*, 2019.

[22] Martin Heusel, Hubert Ramsauer, Thomas Unterthiner, Bernhard Nessler, and Sepp Hochreiter. GANs trained by a two time-scale update rule converge to a local nash equilibrium. In *NeurIPS*, 2017.

[23] Mehdi SM Sajjadi, Olivier Bachem, Mario Lucic, Olivier Bousquet, and Sylvain Gelly. Assessing generative models via precision and recall. In *NeurIPS*, 2018.

[24] Akash A. Jyothi, Thibaut Durand, Jiawei He, Leonid Sigal, and Greg Mori. Layout-VAE: Stochastic scene layout generation from a label set. In *CVPR*, 2019.

[25] Huiwen Chang, Han Zhang, Lu Jiang, Ce Liu, and William T. Freeman. MaskGIT:

Masked generative image Transformer. In *CVPR*, 2022.

[26] Mike Lewis, Yinhan Liu, Naman Goyal, Marjan Ghazvininejad, Abdelrahman Mohamed, Omer Levy, Ves Stoyanov, and Luke Zettlemoyer. BART: Denoising sequence-to-sequence pre-training for natural language generation, translation, and comprehension. In *ACL*, 2020.

[27] Jianan Li, Jimei Yang, Jianming Zhang, Chang Liu, Christina Wang, and Tingfa Xu. Attribute-conditioned layout GAN for automatic graphic design. *IEEE TVCG*, Vol. 27, No. 10, pp. 4039–4048, 2020.

[28] Weixi Feng, Wanrong Zhu, Tsu-jui Fu, Varun Jampani, Arjun Akula, Xuehai He, Sugato Basu, Xin Eric Wang, and William Yang Wang. LayoutGPT: Compositional visual planning and generation with large language models. In *NeurIPS*, 2023.

[29] Leigang Qu, Shengqiong Wu, Hao Fei, Liqiang Nie, and Tat-Seng Chua. LayoutLLM-T2I: Eliciting layout guidance from LLM for text-to-image generation. In *ACMMM*, 2023.

いのうえ なおと（CyberAgent）

フカヨミ AIに潜むバイアス
データセットの表層的相関を断ち切る！

■中島悠太　■廣田裕亮　■ Noa Garcia

1　はじめに

　深層学習は，さまざまなタスクの性能を劇的に向上させてきた。その1つの要因が大量のデータによるデータ表現の学習にあることは，広く知られている。深層学習以前は，画像からどんな情報を取り出すかが腕の見せどころで，最も難しい部分であったが，ディープニューラルネットワーク（deep neural network; DNN）以降は，どれだけデータを集められるかが重要になった。これは同時に，モダリティ（画像，テキスト，音声など）の垣根を低くしたように思う。

　中でも，ビジョンと言語の研究に関する研究は，この十年で飛躍的に進歩した。画像のキャプショニング [1] や画像に関する質疑応答（visual question answering; VQA）[2] に始まり，画像・映像の検索では言語によるクエリが多く研究されてきた [3]。自分の考えを機械に伝えるのに言語が便利なツールであることは間違いなく，拡散モデルによる画像生成 [4] も言語によるプロンプティングが欠かせない。CLIP [5] のような基盤モデルとも呼べるものも登場している。

　一方で，データ表現まで学習できる DNN によって，モデルがブラックボックス化するという新しい問題も発生した。以前のように特徴量を自分で設計するのであれば，どういうところに注目してそのタスクを解いてほしい，という知識を特徴量抽出に組み込むことができたが，DNN ではすべてデータからの学習任せで，何をしているのかがいまいちわからない[1]。性能が高ければ多くの場合は特に問題ないかもしれないが，医療応用のように誤りに大きな代償が伴うタスクでは，なぜモデルがその判断をしたのかを明らかにできなければ使いにくいだろう。

　実際に，DNN はバイアスをもつことが知られてきており，その予測結果を手放しで信じることはできない。たとえば Beery らは，人であれば明らかに牛が写っていることがわかる図1の画像でも，DNN による分類モデルは牛を見出せないことを実験的に示した [8]。これは，その分類モデルの学習に使われた

[1] 説明可能な AI の研究（[6,7] など）は，この問題意識により始まった。

図1　DNN による分類モデルには牛が見えない？（画像は [8] より引用）

データセットの中で，「牛」クラスが牧草地のような緑色の背景と頻繁に共起しており，緑色が牛を構成する要素であると学習したからかもしれない。その場合，このモデルは牛が常に緑色の背景の中にいるというバイアスをもつことなる。このような問題が，さまざまなタスクで発生している。

　本稿では，特にビジョンと言語の話題に的を絞り，DNN がもつバイアスについて議論する。まずは，モデルがもつバイアスとは一体どのようなものなのかを明らかにし，その上で画像のキャプショニング（画像とテキストのペア）のデータセット自体が内包するバイアスを例示する。さらに，画像のキャプショニングのタスクにおいて，ある種のバイアスを低減する手法を紹介する。本稿は，筆者らが CVPR 2022 および CVPR 2023 で発表した論文 [9, 10] をまとめ，一部加筆したものである。

2　バイアスってどんなもの？

　機械学習の文脈に限っても，「バイアス」は回帰タスクにおける誤りの一種であったり，DNN の全結合層の中で足し算される項であったりと，複数の意味で使われる。本稿では，英単語 "bias" の辞書的な意味である「先入観」や「偏見」，もしくは統計学的な意味での「偏り」，特に DNN への入力データやその出力における偏りを表す言葉として「バイアス」の語を使いたい。

　モデルに潜むバイアスは，基本的にはデータセットがもつバイアスに起因するもので，さまざまなタスクのデータセットでバイアスが報告されている（たとえば [11]〜[13]）。実際に，データセット構築（またはデータの生成）のプロセスには，バイアスの要因が複数存在することが指摘されている [14]。

　たとえば，インターネット上に公開された多くのデータセットは，その中に含まれるデータ自体をインターネットから集めているものが多い。これらのデー

タは SNS に投稿されたテキストや画像などさまざまであるが，その前提として，データをアップロードした人は，インターネットにアクセスできて，かつデータを作成できる人（画像であれば，画像を撮影してアップロードできる人，つまりスマートフォンなどをもつ人）のみになる。また，このような人がランダムなデータをアップロードするとは考えにくく，インターネット上に公開しようとするくらいなので，データ自体が何かしら特別な意味をもつものであることが多い。そう考えると，インターネット上で見つかるデータは，「本来の」データの分布から大きく偏っているはずである[2]。

　Google 社は機械学習に関する基本教材を公開しており，その中でデータセットがもちうるバイアスの種類をいくつか挙げている [15][3]。これによれば，上述した，インターネット上にデータをアップロードできる人が限定的であることによる偏りは「選択バイアス」の一種，特別な意味をもったものをインターネットで公開しようとすることによる偏りは「報告バイアス」の一種と見ることができる。もちろん，これらのバイアスはインターネットのデータの限ったものではなく，あらゆるデータ収集プロセスで発生する。

　分類タスクを例として考えたとき，バイアスがクラス分布に与える影響という点では，問題はそこまで入り組んではいない。新しいデータの収集が可能であれば必要なだけデータを追加できるし，データ収集が難しいならリサンプリングや損失関数でのクラスごとの重み付けなども考えられる。

　一方で，図 1 の例はクラス分布の偏りでは説明ができない。この例には交絡因子がかかわっている。「交絡因子」は統計学で用いられる用語で，ある結果が特定の原因で生じるかどうかを考えたとき，結果と原因の両方に影響を与えうる要因を指す。

　牛の例では，本来は画像中に牛が存在するかどうかのみが「牛」クラスの予測に影響を与えるべきであるところが，画像の背景も「牛」クラスの予測に影響を与えている。牛は草を食べるので，牛と草原に（統計的な）依存関係があることは明らかだろう。データセット全体では，「牛」クラスと草原の間には表層的相関[4] が生じる。モデルはこの表層的相関を学習し，結果として草原が牛の分類における交絡因子となる。

　交絡因子によって，バイアスの問題は手に負えないほど複雑になる。画像分類タスクの例で考えると，図 1 のように「画像中に牛がいること」と「牛」クラスに対して「画像中に草原があること」が交絡因子になる（と思われる）ことがわかったのは，（偶然）そのようなサンプルが見つかったためであり，任意のクラスに対して画像内の交絡因子を列挙することはほとんど不可能である[5]。

　もし仮に交絡因子を列挙できたとしても，クラス分布のバイアス除去と同じ考え方で交絡因子の影響を除去しようとすると，すべての交絡因子の分布をすべて

[2] インターネット上のすべての動物の画像を集めて，登場する動物の分布（出現頻度）を見ると，おそらく地球上にいる動物の分布とは異なり，たとえば珍しい動物の分布は実際の分布より多くなることが予想される。一方で，犬や猫の画像が圧倒的に多いことも想定できる。

[3] Fabbrizzi ら [14] も，データセットに含まれるバイアスに関するサーベイを行っている。バイアスの分類や検出手法などについては，この文献で詳述されている。

[4] 2 つの変数の間に実際には存在しない因果関係が見える状態のこと。

[5] 画像分類タスクでは，画像内に登場する概念として切り出すことができるのは，各クラスに対応するもののみで，それ以外に画像内に何があるかはわからないので，列挙できない。

のクラスで同じにする必要がある6)。交絡因子の組み合わせまで考えると，これも現実的ではない。これらの点から，一般に使えるバイアス低減手法の実現は，少なくとも現時点では難しそうに思える。このあたりは out-of-distribution（OOD）の研究の一部などとして取り組まれている [16, 17]。たとえば，ImageNet で分類対象のオブジェクト以外の領域（背景領域）を変更した評価セット [18] は，交絡因子を別のものに置き換えたものと考えることができる。

　バイアスの問題は多くのタスク（データセット）に内包されるものであり，上記の「牛」クラスのような例は，タスクの性能に直接的に影響を与えることから，前述のように汎化性能の改善などの文脈で研究が進められている。一方で，バイアスが性別や肌の色などのような，人の社会的属性に関するものである場合，タスクの性能とは無関係な部分で大きな問題となる。たとえば，図 2 では，画像キャプショニングのタスクにおいて，サーフボード上の女性と思われる人物を "a man" によって参照している。この原因として，このモデルの学習に利用したデータセット中で，サーフボードと "a man" が高い相関をもっていたことが考えられる。その結果として画像キャプショニングタスクの性能指標の低下を招いているが，それ以上に，Buolamwini らの有名な研究 [19] 以来，「女性はサーフィンをしない」という性別に関するステレオタイプ的な出力を人工知能が生成すること自体が問題視され，「社会的バイアス」が議論されるようになった。

　本稿では，表層的相関（交絡因子）に起因するバイアスに注目する。表層的相関はデータセットに内包される任意の概念の間で発生しうるが，組み合わせが多くなると解析が大変になるので，以降では，組み合わせの一方を社会的属性に限定した社会的バイアスについて議論を進める。

キャプショニングモデル
による出力：

"a man riding a wave
 on a surfboard"

図 2　社会的バイアスの例（[10] より一部改変して引用）

3 画像キャプショニングにおける社会的バイアスの定量化

画像キャプショニングは，ビジョンと言語に関する研究の黎明期から取り組まれてきたタスクで（たとえば [20]），画像の説明文を生成することを目的とする。データセットとしては，画像−テキストペアからなる COCO [21] が広く利用されてきた。最近の手法は，大量の画像−テキストペアからなる Conceptual Captions [22] によって事前学習した，画像・テキストを入力とする Transformer を利用して，高い性能を達成している [23]。

一方で，コンピュータビジョン分野で広く研究されているさまざまなタスクのデータセットの社会的バイアスが明らかになり [24, 11]，それらのデータセットで訓練されたモデルも社会的バイアスを引き継ぐ，もしくは増幅させることが指摘されている [19, 25, 26, 27]。画像キャプショニングについても同様の指摘がなされている [28, 29]。

社会的バイアスの検出や除去の研究では，モデルがどの程度社会的バイアスを含むかを定量化することが重要な要素となっており，多くの手法が用いられてきた[7]。わかりやすいところでは，それぞれのタスクで用いられる性能指標（たとえば，クラス分類であれば精度など）の属性ごとの違い [28, 29, 30] が挙げられる。また，Zhao ら [29] は，画像キャプショニングのタスクに対して，生成された説明文から社会的属性を分類できるかどうかによってバイアスを定量化するアプローチを採用した。この手法では，生成された説明文を入力として元の画像の属性クラス[8] を分類するモデルを学習させ，この分類器が特定の属性クラスに偏った分類をするかどうかによってモデルのバイアスを定量化する。

これらはデータセットにもともと含まれているバイアスを考慮しない方法であるが，データセットのバイアスを基準にする考え方もある。そこで，データセットに対してモデルがどの程度バイアスを増幅したかを表す定量化手法が提案された [29, 31]。Wang らによる Leakage [25] はオブジェクト検出タスクを対象とする手法で，各画像に真値として与えられた（複数の）オブジェクトラベルと，検出器が出力するオブジェクトラベルのそれぞれについて，オブジェクトラベルから属性クラスを予測するモデルを学習させ，それらの予測の差によって増幅されたバイアスを定量化する。

文献 [9] では，Wang ら [25] と Zhao ら [29] の定量化手法を基本に，画像キャプショニングタスクにおけるバイアス増幅を定量化する手法を提案した。本節ではこの手法について解説する。

[7] 既存の定量化手法については，元論文 [9] の 3.1 節と 3.2 節に詳しくまとめている。

[8] いくつかのデータセットでは，画像中の人物の社会的属性に関するアノテーションが提供されている。属性クラスの真値を利用する定量化手法では，このアノテーションを利用する。

3.1 画像キャプショニングにおける依存関係のモデル化

画像に対して説明文を生成する際の依存関係をグラフィカルモデルで表したものを図 3 に示す[9]。

画像と説明文は，本来であれば 1 つの要素と考えるのが自然ではあるが，ここではある特定の社会的属性に着目し，画像についてはその社会的属性を表す領域（属性領域）とそれ以外の領域（非属性領域），説明文についてもある社会的属性に関する記述（属性記述）とそれ以外の記述（非属性記述）にそれぞれ分解している。一般に，属性領域と非属性領域を明示的に区別しないことから，説明文内の属性記述と非属性記述はどちらも，属性領域と非属性領域の両方から影響を受けると考えられる。加えて，説明文中の属性記述と非属性記述は，言語モデルの構造の特性により[10] 互いに影響を与え合う。

加えて，ここでは「画像収集」という変数を追加している。これは画像収集の方法などを表すもので，データセット中の画像の分布に影響を与える。属性領域と非属性領域の依存関係（たとえば，男性とスノーボードの間の共起）は，この変数によって説明できる。

人が説明文を記述する場合は，画像認識能力が高いことから，属性領域から非属性記述，非属性領域から属性記述の依存関係は非常に弱いと考えられる。また，属性記述と非属性記述の間の依存関係も，ほぼ文法的な約束事に限定されると考えて差し支えなさそうである[11]。したがって，人が説明文を記述したデータセットでは，説明文の記述プロセスにおけるバイアスの影響はそれほど

[9] 複数の人物が写っている場合は，人物領域と人物記述を対応する数だけ増やしたほうがよいかもしれない。ここでは，簡単のために画像内に一人だけ人物がいる場合を考えた。

[10] 多くのキャプショニングモデルは，画像特徴を抽出する画像エンコーダと，画像特徴とすでに生成された説明文から次の単語を生成するデコーダで構成される（たとえば，[23]）。n 番目の単語を出力するときは，$n-1$ 番目までの単語を入力とするモデルが多い。

[11] 文法的な約束事以外の依存関係がないわけではない。たとえば，男性より女性に対して "beautiful" や "pretty" などの形容詞が付加されやすいことが考えられる。

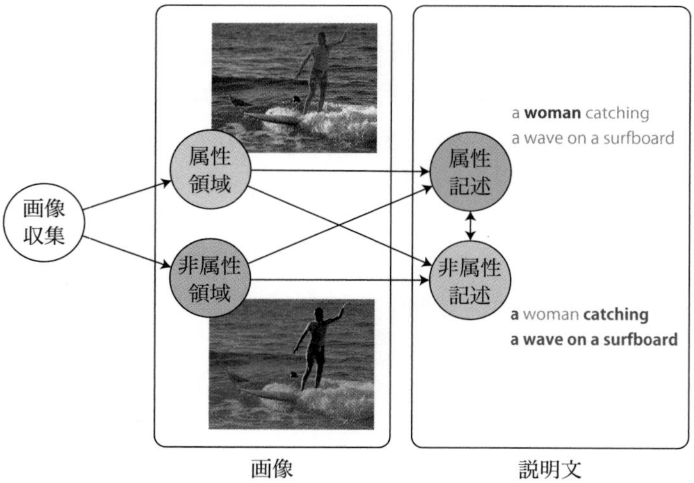

図 3 画像キャプショニング（もしくは人による説明文記述）における依存関係。「画像収集」はデータセット構築の際の画像収集プロセスを表す変数で，属性領域と非属性領域の分布に影響を与える。

大きくない。にもかかわらず，画像収集プロセス（「画像収集」変数）で生じる属性領域自体の分布の不均衡（たとえば，COCO データセットでは，男性に関する説明文の数は女性に関する説明文の 2 倍）や，属性領域と非属性領域の依存関係（たとえば，スノーボードをする画像の多くは男性）のために，説明文のデータセットはバイアスをもつことになる。

キャプショニングモデルは，人物領域から非属性記述，非人物領域から属性記述の依存関係，および属性記述と非属性記述との間の依存関係を，データセットがもつバイアスから学習する。つまり，データセット内でスノーボードをする女性があまり登場しないことから，スノーボードが画像内にあれば，属性領域とは無関係に属性記述として男性を出力する可能性がある。デコーダでも同様で，特定の社会的属性クラスに関する語が出力されると，その語に引っ張られて画像中にはない概念に関する語を出力するかもしれない。

3.2 バイアス増幅の指標 LIC

文献 [9] で提案したバイアス増幅指標 LIC（leakage for image captioning）は，生成された説明文の集合が元のデータセットと比べてどの程度のバイアスをもつかを定量化する。この手法は，任意の説明文集合 C がバイアスをもたないとき，いずれの社会的属性クラス $a \in \mathcal{A}$ に関する説明文の分布は同一であることを前提とする。このとき，バイアスのない説明文集合においては，いずれの社会的属性クラス a に関する説明文であっても，非属性記述を見ただけではその社会的属性を特定することはできない。

属性領域 → 非属性記述，非属性領域 → 属性記述，言語モデルによる属性記述−非属性記述のいずれにもバイアスがほとんどない人が記述した説明文集合でも，前述した，主に画像収集プロセスで生じる属性領域と非属性領域の依存関係によるバイアスが生じる。したがって，上記の前提のもとではデータセットもバイアスをもつ。

LIC では，キャプショニングのデータセットにおいて，その説明文集合がもつバイアスを定量化した上で，キャプショニングモデルの属性領域 → 非属性記述，非属性領域 → 属性記述，言語モデルによる属性記述−非属性記述の依存関係に起因するバイアス増幅を含むバイアスを定量化し，それらの差によりバイアス増幅を求める。

社会的属性に関するアノテーションが付与された説明文集合 $C = \{(c, a)\}$（ただし，c は説明文，$a \in \mathcal{A}$ は属性クラス）におけるバイアス b を次式で定義する。

$$b_C = \mathbb{E}_{C_e} \left[s_a(c; C_t) \times \mathbb{1} \left[\underset{a'}{\arg\max}\, s_{a'}(c; C_t) = a \right] \right] \tag{1}$$

C_t と C_e は C を分割したもので，それぞれ学習セットと評価セットを表す。

$s_a(c; C_t)$ は C_t で学習したモデルから得られる a の事後確率 p_{C_t} を表す。

$$s_a(c; C_t) = p_{C_t}(a|f(c)) \tag{2}$$

ただし，$f(\cdot)$ は入力された説明文から属性クラス a に関する語をマスクする操作を表す[12]。式 (1) は，説明文 c から属性クラス a が正しく予測できたものについて，その事後確率の期待値を計算している。これをデータセット $\mathcal{D} = \{(I, c, a)\}$，および $\mathcal{D}$ のそれぞれの画像に対してキャプショニングモデルから得られた説明文集合 $\mathcal{M} = \{(c, a)\}$ について求めて $b_\mathcal{D}, b_\mathcal{M}$ とし[13]，それらの差をバイアス増幅指標 LIC と定義する。

$$\text{LIC} = b_\mathcal{M} - b_\mathcal{D} \tag{3}$$

図 4 は OSCAR [23] による説明文に対し，社会的属性を性別として，$\mathcal{A} = \{\texttt{Woman}, \texttt{Man}\}$ について $s_\texttt{Woman}(c; C_t)$ を求め，降順に並べたものである。事後確率は c に対する分類の信頼性のようなもの，つまり，c と a の相関の強さを表す。図 4 に示す説明文に対する $s_\texttt{Woman}$ は，人々が考えるバイアスの強さと概ね一致するものとなっており，事後確率はバイアスの強さと相関する量と見なしてよさそうである。

Wang ら [25] と Zhao ら [29] の定量化手法では，属性クラスの分類精度によってバイアスを定義する。つまり，式 (1) において事後確率の部分がないも

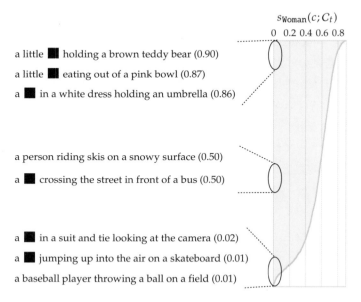

図 4 $s_\texttt{Woman}(c; C_t)$ を $c \in C_e$ についてプロットしたものと，対応する説明文の例（[9] より一部変更して引用）

の（常に1）としていた。しかし，事後確率が0.5付近では，説明文を見ても，少なくとも人にはその性別を予測できるものではなく，これをバイアスをもつサンプルとするのは問題があるように思える。LICでは，事後確率によって精度を重み付けすることで，この問題を緩和している。

3.3 実験結果

文献[9]では，COCOデータセットで学習した複数のモデルについて，社会的バイアスを定量化している。対象とした社会的属性は性別（女性，男性）と肌の色（明るい，暗い）で，文献[29]でアノテーションが提供されている。ここでは紙面の都合から，性別についての結果のみを紹介したい。NIC [32], SAT [1], FC [33], Att2in [33], UpDn [34], Transformer [35], OSCAR [23], NIC+ [28], NIC+Equalizer [28] を評価した。この中で，NIC+ は NIC を拡張したデータセットで学習したモデルである。NIC+Equalizer は NIC+ をベースとした，バイアス低減を目的としたモデルで，COCO Object [36] が提供する人物領域のアノテーションを利用して人物領域を塗りつぶした画像を用意し，塗りつぶした画像に対して社会的属性に関する語を出力すると，ペナルティを与える。

バイアスは，LIC と $b_\mathcal{M}$ に加えて，以下の指標で評価した。

- 比率 [28]：$a \in \{\texttt{Woman}, \texttt{Man}\}$ について関連する語の集合 $\mathcal{R}_a$ を決定しておき，説明文に $\mathcal{R}_{\hat{a}}$ $(\hat{a} \in \mathcal{A})$ のいずれかの語が含まれていれば，その説明文は属性クラス $\hat{a}$ に属するとする[14]。生成された説明文集合 C の中で，$\texttt{Man}$ に属する説明文に対する $\texttt{Woman}$ に属する説明文の比率を指標に用いる。
- 誤り率 [28]：a の画像に対して生成された説明文に $\mathcal{R}_{a'}$ $(a \neq a')$ の語が含まれる場合を誤りとし，C のうちの誤りのものの割合を指標に用いる。
- Bias Amplification（BA）[26]：説明文に含まれる語が一方の性別に偏っている度合いの平均値。説明文集合 C において，事前に決定された語の集合 $\mathcal{L}$ の語 l が与えられたときの属性クラス a の確率を $p_C(a|l)$ で表す[15]と，BA はそれぞれの l に対して，データセット $\mathcal{D}$ において $p_C(a|l)$ がより大きなものについて，生成された説明文集合 $\mathcal{M}$ と $\mathcal{D}$ の $p_C(a|l)$ の差の $\mathcal{L}$ における期待値

$$\text{BA} = \mathbb{E}_\mathcal{L}\left[\sum_{a \in \mathcal{A}}[p_\mathcal{M}(a|l) - p_\mathcal{D}(a|l)] \times \mathbb{1}[p_\mathcal{D}(a|l) > 1/|\mathcal{A}|]\right] \quad (4)$$

で定義される。

- Directional BA（DBA_G）[31]：図3に示したように，出力される属性記述は非属性領域の，また非属性記述は属性領域の影響を受ける。DBA_G は前者を定量化しようとする。

[14] 属性クラス a をもつ画像 I から説明文 c が生成されたとき，c の属性クラスの真値は a となる。$\hat{a}$ は c から予測された属性クラスであるため，必ずしも a と一致しない。

[15] a と l の C における共起回数を q_{al} で表すと，$p_C(a|l) = q_{al}/\sum_{a'} q_{a'l}$ となる。

- Directional BA（DBA_O）[31]：DBA_G とは逆に，属性領域が非属性記述に与える影響を定量化しようとする。DBA_G とともに，詳細は文献 [31] を参照されたい。

比率と誤り率はバイアス自体を測る指標で，LIC を含む残りの指標はバイアスがどれだけ増幅されたかを測る。キャプショニング自体の性能は BLEU-4 [37]，CIDEr [38]，METEOR [39]，ROUGE-L [40] を用いて評価した。

　バイアス指標とキャプショニング性能指標を表 1 にまとめる。ここから以下のことがわかる。

LIC による評価では，いずれのモデルもバイアスを増幅する

　どのモデルも LIC が正の値であることから，いずれもバイアスを増幅していることがわかる。他のバイアス増幅の指標である BA，DBA_G，DBA_O についても，同様にバイアスが増幅していることがわかる。これらの結果から，キャプショニングモデルはバイアスを増幅すると結論付けることができる。

各種バイアス指標は互いに相関が高いとはいえない

　キャプショニングの性能指標は互いに相関が高いようで，いずれも NIC の性能が最も低く，OSCAR が最も高い。一方で，バイアス指標は特に傾向が見えず，互いに相関が高いとはいえない。これは，それぞれの指標がバイアスの別の側面を定量化しているためであると思われる。たとえば，比率は評価セットに含まれる画像における社会的属性クラスの分布と，モデルによる説明文生成プロセスのバイアスの両方を含む指標である一方，誤り率は後者のみに関するものであると考えられる。このことから，バイアスに関していえば，複数の指標によってモデルを評価する必要があるということができる。

NIC+Equalizer は NIC+ よりバイアスを増大させる

　興味深いことに，バイアスの低減を目的として提案された Equalizer [28] は，LIC で評価すると，ベースラインである NIC+ よりもバイアスを増加させていることがわかる。図 5 はデータセット，NIC+，NIC+Equalizer のそれぞれの説明文で $s_a(c)$ を算出した結果を示しており，いずれの例でも属性クラス（女性）と強い相関をもつと考えられる[16]語である "a teddy bear" や "a red dress" を，画像の非属性領域を無視して出力しており，これが LIC を増加させていると思われる。この説明として，Equalizer は属性記述の出力に際して属性領域（人物領域）に注目することをモデルに学習させるアプローチをとっており，結果として非属性領域の影響が全体的に弱まったと考えられる。

[16] 人々が一般にもつと考えられるバイアスによる。

表1 バイアス指標とキャプショニング性能指標。バイアス指標は小さい値ほどバイアスが小さいことを表す。キャプショニング性能指標は大きい値ほど性能が高い。赤/緑はベストスコアとワーストスコアを示す。LIC, LIC_M, BA, DBA_G, DBA_O のスコアは、見やすさのため100倍した。バイアスがないモデルでは、LIC = 0, LIC_M = 25 となる。

モデル	バイアス指標 ↓							キャプショニング性能指標 ↑			
	LIC	LIC_M	比率	誤り率	BA	DBA_G	DBA_O	BLEU-4	CIDEr	METEOR	ROUGE-L
NIC [32]	3.7	43.2	2.47	14.3	4.25	3.05	0.09	21.3	64.8	20.7	46.6
SAT [1]	5.1	44.4	2.06	7.3	1.14	3.53	0.15	32.6	98.3	25.8	54.1
FC [33]	8.6	46.4	2.07	10.1	4.01	3.85	0.28	30.5	98.0	24.7	53.5
Att2in [33]	7.6	45.9	2.06	4.1	0.32	3.60	0.29	33.2	105.0	26.1	55.6
UpDn [34]	9.0	48.0	2.15	3.7	2.78	3.61	0.28	36.5	117.0	27.7	57.5
Transformer [35]	8.7	48.4	2.18	3.6	1.22	3.25	0.12	32.3	105.3	27.0	55.1
OSCAR [23]	9.2	48.5	2.06	1.4	1.52	3.18	0.19	40.4	134.0	29.5	59.5
NIC+ [28]	7.2	46.7	2.89	12.9	6.07	2.08	0.17	27.4	84.4	23.6	50.3
NIC+Equalizer [28]	11.8	51.3	1.91	7.7	5.08	3.05	0.20	27.4	83.0	23.4	50.2

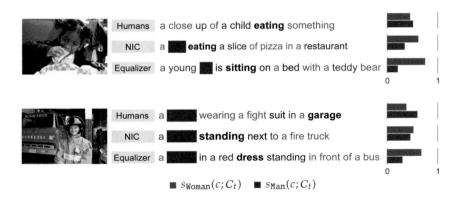

図5　説明文に対する $s_{\mathrm{Woman}}(c;C_t)$ と $s_{\mathrm{Man}}(c;C_t)$ の例（[9] より一部変更して引用）

4　キャプショニングモデルのためのバイアス低減

　前節では，多くのキャプショニングモデルが，元のデータセットに対してバイアスを増幅させることを示した。この現象は近年では広く知られており，研究が進められている [41, 42, 43, 44, 45]。では，キャプショニングモデルのバイアスを低減するにはどうしたらいいのであろうか。

　図3に示したように，筆者らは，画像キャプショニングタスクにおけるバイアスの原因は画像収集プロセスのバイアスと，それに伴う交絡因子にあると考えている。したがって，本質的なバイアス低減のためには，画像収集プロセスのバイアスを排除する，つまりは画像データセットにおいて属性領域のクラス分布を一様にし，さらにすべての属性クラスについて非属性領域の分布を揃える（属性クラスに対して非属性領域の分布を独立にする）必要がある。特定の社会的属性のみを考えたとして，前述のように属性クラスの分布を一様にすることは，それほど難しくない場合もある（たとえば [46, 47]）が，任意の概念を含む画像において非属性領域の分布を一致させるように画像を収集することは，ほとんど不可能といっていい[17]。

　既存のバイアス低減手法では，さまざまなアプローチが採用されている。Bhargava [48] は，データセット内の社会的属性に関する語を特定の語に置き換えた上でキャプショニングモデルを学習させ，それとは別に社会的属性クラスを画像中の人物領域（属性領域）から予測して，対応する語に置き換えるアプローチを提案した。社会的属性を周辺化することにより非属性領域の偏りの問題をなくしており，興味深いアイデアではあるものの，次段の属性クラスの予測で，非属性領域の影響を抑えるために人物領域のアノテーションを必要としており，キャプショニングモデルとしては使いにくい。前節で紹介した Burns らの手法

[17] ただし，Stable Diffusion [4] などの画像生成モデルの登場により，分布を揃えたデータセットを生成できるようになってきている。

[28] および Tang らの手法 [30] は，属性記述の出力の際に人物領域に注目するように学習するものであり，前述のバイアス低減の本質的な考え方からは少し外れるかもしれない。結果として，Burns らの手法では，LIC の指標によるとバイアスが増大している。Liu らは，交絡因子を特徴量の段階でランダム化するアプローチを提案した [49]。ただ，COCO データセットにおいて交絡因子を特定することができないため，代わりに COCO Object [36] に含まれるオブジェクトを交絡因子としている。この議論から，画像キャプショニングでの本質的なバイアス低減への道程は遠いように思える。

　そこで，筆者らは文献 [10] において，画像から説明文を生成するプロセスでのバイアス低減をあきらめ，説明文からバイアスを除去するアプローチを採用した。このアプローチのメリットは，一般に困難な画像の分布の操作[18]ではなく，比較的容易なテキストの操作のみを用いる点にある。文献 [10] で提案した手法 LIBRA は，キャプショニングモデルで発生しうるバイアスを被覆するようなバイアスをもつ説明文を大量に生成し，それを元の説明文に戻すようにモデルを学習させることにより，任意のキャプショニングモデルからの説明文のバイアス低減を可能にする。

4.1　説明文のバイアス低減手法 LIBRA

　LIC による評価で得られた知見は，バイアスの低減のためには図 3 の特定の依存関係のみを考えるのではなく，属性領域から非属性記述，非属性領域から属性記述の両方の依存関係を除去する必要があることを示唆する。LIBRA では，図 6 のように，属性領域から非属性記述への影響を再現するモジュールと，非属性領域から属性記述への影響を再現するモジュールを実装し，これらを組み合わせることによって実際のキャプショニングモデルのバイアスを再現する。ここでは，紙面の都合からそのアイデアのみを解説するので，詳細は元論文 [10] を参照されたい。

属性領域から非属性記述

　属性領域から非属性記述への依存関係は，ある属性クラスと共起しやすい語の生成（画像中に存在するしないにかかわらず）を誘発する方向の影響をモデルに与える。この依存関係を含む説明文の生成プロセスを再現するために，LIBRA では学習済みの言語モデルである T5 [50] を利用した。大量のコーパスから学習した言語モデルであれば，キャプショニングモデルのバイアスと同様の傾向をもつ語を生成する可能性がある。具体的には，元のデータセット $\mathcal{D}$（COCO データセットなど）に含まれる説明文 c から，属性クラスに関する語以外の語をランダムにマスクした文を生成し，マスク言語モデルの要領 [51] でマスク部

18) 画像を集める，生成する，リサンプリングするなどが必要となる。リサンプリングは簡単にできるが，非属性領域を属性に対して独立にすることは困難であると考えられる。

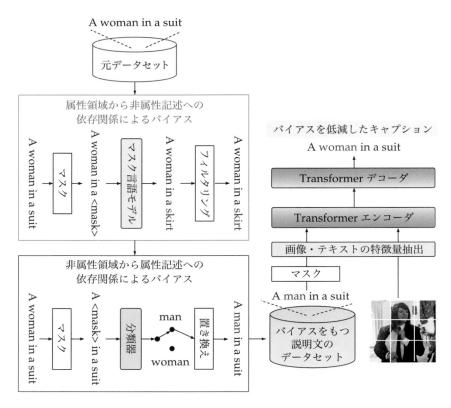

図6 LIBRA の概要（[10] を一部変更して引用）

19) 人が記述したデータセットの属性記述は，属性領域の属性クラスと一致すると考えられることから，属性記述を属性領域の代理として利用できる。

分を埋めることで，属性クラスへのバイアスをもつ文を生成できる[19]。実際には，常にバイアスをもつ文が生成されるとは限らないため，式 (2) と同様の分類器を事前に元データセットから学習させておき，属性クラスに関する語をマスクした上で，各属性クラスでの事後確率を大きくする文のみを利用する（図6 中のフィルタリングに対応）。

非属性領域から属性記述

非属性領域から属性記述への依存関係は，ある属性クラスと共起しやすい画像中の概念によって属性記述がその属性クラスに関するものになる方向の影響をモデルに与える。このバイアスを再現するためには，属性クラス a をもつ説明文 c [20] の属性クラスに関する語をマスクし，式 (2) と同様の分類器の属性クラス $a' \neq a$ の事後確率が高くなる場合に，その属性クラスに関する語を a' に関する語に置き換えればよい。

20) c は，属性領域から非属性記述のバイアスを再現したあとの説明文。

バイアス低減モデルの学習

　キャプショニングモデルから出力されたバイアスを含む説明文 $\hat{c}$ に対して，バイアスを低減した説明文 $\bar{c}$ を出力するモデル f には，エンコーダ・デコーダアーキテクチャを採用した。$\hat{c}$ のみから $\bar{c}$ への写像は一意に決まらないと考えられるため，f は対応する画像 I も入力として受け取る。

$$\bar{c} = f(\hat{c}, I) \tag{5}$$

　このモデルの学習では，属性領域から非属性記述へのバイアスを再現するモジュールから得られた説明文集合に対して，さらに非属性領域から属性記述へのバイアスを再現するモジュールから得られた説明文集合を利用する（画像は元の説明文 c に対応するものを用いる）。

4.2　実験結果

　実験では，COCO データセット [21] で学習した NIC [32]，SAT [1]，FC [33]，Att2in [33]，UpDn [34]，Transformer [35]，OSCAR [23]，ClipCap [52]，GRIT [53] について，それぞれ LIBRA 適用前後のバイアスとキャプショニング性能を評価した。社会的属性として性別を考える。

　バイアスの評価には，前節の LIC，誤り率，BA を用いた。前節で議論したとおり，それぞれ異なるバイアスを評価していると考える。LIC と BA は属性領域から非属性記述へ依存関係によるバイアスを定量化するものといえる。誤り率は非属性領域から属性記述への依存関係によるバイアスを定量化する側面が強い。また，キャプショニング性能の評価には，BLEU-4 [37]，CIDEr [38]，CLIPScore [54] を用いた。

　表 2 に各スコアをまとめる。LIC の表 1 との差は，前節では LSTM を分類器として利用したのに対して，本節では BERT を利用したためである。LSTM と BERT の違いは文献 [9] で調査している。この表から，以下のことがわかる。

LIBRA は属性領域から非属性記述へのバイアスを低減する

　各モデルに対する LIBRA 適用前後のバイアス指標を見ると，LIC と BA はすべてのモデルで LIBRA によってバイアスが減少している。これは，LIBRA が属性領域から非属性記述への依存関係によるバイアスの低減に有効であることを示している。図 7 に例を示す。この図の属性領域から非属性記述への例（右図）を見ると，UpDn は COCO データセットで男性との共起が非常に強い "suit" を出力しているが，LIBRA は共起が弱い "jacket" に置き換えている。表 2 において，いくつかのモデルでは LIBRA を適用することによって LIC と BA が

表 2　バイアス指標とキャプショニング性能指標。バイアス指標については，緑/赤でそれぞれバイアスの減少と増大を表す。バイアス指標は，値が小さければバイアスが小さい。キャプショニング性能は，値が大きければ性能が高い。LIC と BA は見やすさのために 100 倍した。

モデル	バイアス指標↓			キャプショニング性能指標↑		
	LIC	誤り率	BA	BLEU-4	CIDEr	CLIPScore
NIC [32]	0.5	23.6	1.61	21.9	58.3	65.2
+LIBRA	−0.3	5.7	−1.47	24.6	72.0	71.7
SAT [1]	−0.3	9.1	0.92	34.5	94.6	72.1
+LIBRA	−1.4	3.9	−0.48	34.6	95.9	73.6
FC [33]	2.9	10.3	3.97	32.2	94.2	70.0
+LIBRA	−0.2	4.3	−1.11	32.8	95.9	72.9
Att2in [33]	1.1	5.4	−1.01	36.7	102.8	72.6
+LIBRA	−0.3	4.6	−3.39	35.9	101.7	73.8
UpDn [34]	4.7	5.6	1.46	39.4	115.1	73.8
+LIBRA	1.5	4.5	−2.23	37.7	110.1	74.6
Transformer [35]	5.4	6.9	0.09	35.0	101.5	75.3
+LIBRA	2.3	5.0	−0.26	33.9	98.7	75.7
OSCAR [23]	2.4	3.0	1.78	39.4	24.0	75.8
+LIBRA	0.3	4.6	−1.95	37.2	113.1	75.7
ClipCap [52]	1.1	5.6	1.51	34.8	103.7	76.6
+LIBRA	−1.5	4.5	−0.57	33.8	100.6	76.0
GRIT [53]	3.1	3.5	3.05	42.9	123.3	76.2
+LIBRA	0.7	4.1	1.57	40.5	116.8	75.9

baseline
a young **boy** riding a skateboard

+LIBRA
a young **girl** riding a skateboard

baseline
a man wearing a **suit** holding a banana

+LIBRA
a man in a **jacket** holding a banana

図 7　UpDn [34] による説明文（baseline）と LIBRA によるバイアス低減の例。左：非属性領域から属性記述への依存関係によるバイアス。右：属性領域から非属性記述への依存関係によるバイアス。

負になっているが，これはデータセットがもとからもつバイアスよりも LIBRA の出力のバイアスのほうが小さいことを意味する．

LIBRA は多くのモデルで非属性領域から属性記述へのバイアスを低減する

　同様に，OSCAR と GRIT 以外のモデルで LIBRA により誤り率が低減した．このことから，LIBRA は非属性領域から属性記述への依存関係によるバイアスも概ね低減するといえる．誤り率が増大した OSCAR について誤りの例を見ると，多くの場合，人物の領域から性別を特定することが困難なものが多かった．このような場合，OSCAR は性別の予測に非属性領域を利用している可能性がある．

LIBRA は CLIPScore を大きく変化させない

　キャプショニングの性能に注目すると，特にもとの BLEU-4 や CIDEr などのスコアが高いモデルで，LIBRA の適用後にこれらのスコアが低下した．一方で，CLIPScore についてはいずれのモデルでも，それほど大きな変化は見られなかった．BLEU-4 や CIDEr などはデータセットに含まれる説明文を真値として利用しており，語の置き換えの影響を受けやすいと考えられる．たとえば，データセット内では属性クラス女性は，"pose" の語と強い共起をもつ．この語を "stand" と置き換えても，文としての意味は大きくは変化せず，したがって意味空間での近さで評価する CLIPScore は大きく変化しない一方で，語の表層的な違いによって BLEU-4 などのスコアが減少したものと考えられる．

5　おわりに

　本稿では，筆者らが CVPR 2022 および CVPR 2023 で発表した論文 [9, 10] を解説した．これらは，画像キャプショニングタスクにおける社会的属性に関するバイアスに焦点を当て，バイアスの定量化と低減について論じている．紙面の都合から詳細まで踏み込むことはできなかったが，両論文には手法のより詳しい説明や実験結果の分析が記述されているので，興味があればぜひ参照していただきたい．社会的属性に関するものに限らず，バイアスの問題は特に日本ではあまり研究されていないように思う．また，本稿 3 節のバイアス指標は，バイアス解析のツールとして利用できるものになっており，インターネット上に公開しているので（https://github.com/rebnej/lick-caption-bias），ご活用いただければ幸いである．

参考文献

[1] Kelvin Xu, Jimmy Ba, Ryan Kiros, Kyunghyun Cho, Aaron Courville, Ruslan Salakhudinov, Rich Zemel, and Yoshua Bengio. Show, attend and tell: Neural image caption generation with visual attention. In *ICML*, 2015.

[2] Stanislaw Antol, Aishwarya Agrawal, Jiasen Lu, Margaret Mitchell, Dhruv Batra, C. Lawrence Zitnick, and Devi Parikh. VQA: Visual question answering. In *ICCV*, 2015.

[3] Peter Young, Alice Lai, Micah Hodosh, and Julia Hockenmaier. From image descriptions to visual denotations: New similarity metrics for semantic inference over event descriptions. *TACL*, Vol. 2, pp. 67–78, 2014.

[4] Robin Rombach, Andreas Blattmann, Dominik Lorenz, Patrick Esser, and Björn Ommer. High-resolution image synthesis with latent diffusion models. In *CVPR*, 2022.

[5] Alec Radford, Jeffrey Wu, Rewon Child, David Luan, Dario Amodei, Ilya Sutskever, et al. Language models are unsupervised multitask learners. *OpenAI blog*, 2019.

[6] Bolei Zhou, Aditya Khosla, Agata Lapedriza, Aude Oliva, and Antonio Torralba. Learning deep features for discriminative localization. In *CVPR*, 2016.

[7] Ramprasaath R. Selvaraju, Michael Cogswell, Abhishek Das, Ramakrishna Vedantam, Devi Parikh, and Dhruv Batra. Grad-CAM: Visual explanations from deep networks via gradient-based localization. In *ICCV*, 2017.

[8] Sara Beery, Grant Van Horn, and Pietro Perona. Recognition in terra incognita. In *ECCV*, 2018.

[9] Yusuke Hirota, Yuta Nakashima, and Noa Garcia. Quantifying societal bias amplification in image captioning. In *CVPR*, 2022.

[10] Yusuke Hirota, Yuta Nakashima, and Noa Garcia. Model-agnostic gender debiased image captioning. In *CVPR*, 2023.

[11] Yusuke Hirota, Yuta Nakashima, and Noa Garcia. Gender and racial bias in visual question answering datasets. In *ACM FAccT*, 2022.

[12] Aishwarya Agrawal, Dhruv Batra, Devi Parikh, and Aniruddha Kembhavi. Don't just assume; look and answer: Overcoming priors for visual question answering. In *CVPR*, 2018.

[13] Antonio Torralba and Alexei A. Efros. Unbiased look at dataset bias. In *CVPR*, 2011.

[14] Simone Fabbrizzi, Symeon Papadopoulos, Eirini Ntoutsi, and Ioannis Kompatsiaris. A survey on bias in visual datasets. *Computer Vision and Image Understanding*, Vol. 223, pp. 103552:1–16, 2022.

[15] Google. Fairness: Types of bias. https://developers.google.com/machine-learning /crash-course/fairness/types-of-bias.

[16] Robert Geirhos, Jörn-Henrik Jacobsen, Claudio Michaelis, Richard Zemel, Wieland Brendel, Matthias Bethge, and Felix A. Wichmann. Shortcut learning in deep neural networks. *Nature Machine Intelligence*, Vol. 2, pp. 665–673, 2020.

[17] Badr Y. Idrissi, Diane Bouchacourt, Randall Balestriero, Ivan Evtimov, Caner Hazirbas, Nicolas Ballas, Pascal Vincent, Michal Drozdzal, David Lopez-Paz, and Mark Ibrahim. ImageNet-X: Understanding model mistakes with factor of variation anno-

tations. In *ICLR*, 2023.

[18] Dan Hendrycks, Steven Basart, Norman Mu, Saurav Kadavath, Frank Wang, Evan Dorundo, Rahul Desai, Tyler Zhu, Samyak Parajuli, Mike Guo, Dawn Song, Jacob Steinhardt, and Justin Gilmer. The many faces of robustness: A critical analysis of out-of-distribution generalization. In *ICCV*, pp. 8340–8349, 2021.

[19] Joy Buolamwini and Timnit Gebru. Gender shades: Intersectional accuracy disparities in commercial gender classification. In *ACM FAccT*, 2018.

[20] Ali Farhadi, Mohsen Hejrati, Mohammad A. Sadeghi, Peter Young, Cyrus Rashtchian, Julia Hockenmaier, and David Forsyth. Every picture tells a story: Generating sentences from images. In *ECCV*, pp. 15–29, 2010.

[21] Xinlei Chen, Hao Fang, Tsung-Yi Lin, Ramakrishna Vedantam, Saurabh Gupta, Piotr Dollár, and C. Lawrence Zitnick. Microsoft COCO captions: Data collection and evaluation server. *arXiv preprint arXiv:1504.00325*, 2015.

[22] Piyush Sharma, Nan Ding, Sebastian Goodman, and Radu Soricut. Conceptual captions: A cleaned, hypernymed, image alt-text dataset for automatic image captioning. In *ACL*, 2018.

[23] Xiujun Li, Xi Yin, Chunyuan Li, Pengchuan Zhang, Xiaowei Hu, Lei Zhang, Lijuan Wang, Houdong Hu, Li Dong, Furu Wei, et al. Oscar: Object-semantics aligned pre-training for vision-language tasks. In *ECCV*, 2020.

[24] Kate Crawford and Trevor Paglen. Excavating AI: The politics of training sets for machine learning. https://excavating.ai, 2019. Accessed: 2021-11-12.

[25] Tianlu Wang, Jieyu Zhao, Mark Yatskar, Kai-Wei Chang, and Vicente Ordonez. Balanced datasets are not enough: Estimating and mitigating gender bias in deep image representations. In *ICCV*, 2019.

[26] Jieyu Zhao, Tianlu Wang, Mark Yatskar, Vicente Ordonez, and Kai-Wei Chang. Men also like shopping: Reducing gender bias amplification using corpus-level constraints. In *EMNLP*, 2017.

[27] Benjamin Wilson, Judy Hoffman, and Jamie Morgenstern. Predictive inequity in object detection. *arXiv preprint arXiv:1902.11097*, 2019.

[28] Kaylee Burns, Lisa A. Hendricks, Kate Saenko, Trevor Darrell, and Anna Rohrbach. Women also snowboard: Overcoming bias in captioning models. In *ECCV*, 2018.

[29] Dora Zhao, Angelina Wang, and Olga Russakovsky. Understanding and evaluating racial biases in image captioning. In *ICCV*, 2021.

[30] Ruixiang Tang, Mengnan Du, Yuening Li, Zirui Liu, Na Zou, and Xia Hu. Mitigating gender bias in captioning systems. In *WWW*, 2021.

[31] Angelina Wang and Olga Russakovsky. Directional bias amplification. In *ICML*, 2021.

[32] Oriol Vinyals, Alexander Toshev, Samy Bengio, and Dumitru Erhan. Show and tell: A neural image caption generator. In *CVPR*, 2015.

[33] Steven J. Rennie, Etienne Marcheret, Youssef Mroueh, Jerret Ross, and Vaibhava Goel. Self-critical sequence training for image captioning. In *CVPR*, 2017.

[34] Peter Anderson, Xiaodong He, Chris Buehler, Damien Teney, Mark Johnson, Stephen Gould, and Lei Zhang. Bottom-up and top-down attention for image captioning and

visual question answering. In *CVPR*, 2018.

[35] Ashish Vaswani, Noam Shazeer, Niki Parmar, Jakob Uszkoreit, Llion Jones, Aidan N. Gomez, Łukasz Kaiser, and Illia Polosukhin. Attention is all you need. In *NeurIPS*, 2017.

[36] Tsung-Yi Lin, Michael Maire, Serge Belongie, James Hays, Pietro Perona, Deva Ramanan, Piotr Dollár, and C. Lawrence Zitnick. Microsoft COCO: Common objects in context. In *ECCV*, 2014.

[37] Kishore Papineni, Salim Roukos, Todd Ward, and Wei-Jing Zhu. BLEU: A method for automatic evaluation of machine translation. In *ACL*, 2002.

[38] Ramakrishna Vedantam, C. Lawrence Zitnick, and Devi Parikh. CIDEr: Consensus-based image description evaluation. In *CVPR*, 2015.

[39] Michael Denkowski and Alon Lavie. Meteor universal: Language specific translation evaluation for any target language. In *Workshop on statistical machine translation*, 2014.

[40] Chin-Yew Lin. ROUGE: A package for automatic evaluation of summaries. In *Text summarization branches out*, 2004.

[41] Kristy Choi, Aditya Grover, Trisha Singh, Rui Shu, and Stefano Ermon. Fair generative modeling via weak supervision. In *ICML*, 2020.

[42] Melissa Hall, Laurens van der Maaten, Laura Gustafson, and Aaron Adcock. A systematic study of bias amplification. *arXiv preprint arXiv:2201.11706*, 2022.

[43] Klas Leino, Emily Black, Matt Fredrikson, Shayak Sen, and Anupam Datta. Feature-wise bias amplification. In *ICLR*, 2019.

[44] Tejas Srinivasan and Yonatan Bisk. Worst of both worlds: Biases compound in pre-trained vision-and-language models. In *Workshop on Gender Bias in Natural Language Processing*, 2022.

[45] Dora Zhao, Jerone TA Andrews, and Alice Xiang. Men also do laundry: Multi-attribute bias amplification. In *ICML*, 2023.

[46] Yin Cui, Menglin Jia, Tsung-Yi Lin, Yang Song, and Serge Belongie. Class-balanced loss based on effective number of samples. In *CVPR*, 2019.

[47] Moon Ye-Bin, Nam Hyeon-Woo, Wonseok Choi, Nayeong Kim, Suha Kwak, and Tae-Hyun Oh. SYNAuG: Exploiting synthetic data for data imbalance problems. In *ICCV Workshop*, 2023.

[48] Shruti Bhargava and David Forsyth. Exposing and correcting the gender bias in image captioning datasets and models. *arXiv preprint arXiv:1912.00578*, 2019.

[49] Bing Liu, Dong Wang, Xu Yang, Yong Zhou, Rui Yao, Zhiwen Shao, and Jiaqi Zhao. Show, deconfound and tell: Image captioning with causal inference. In *CVPR*, 2022.

[50] Colin Raffel, Noam Shazeer, Adam Roberts, Katherine Lee, Sharan Narang, Michael Matena, Yanqi Zhou, Wei Li, Peter J. Liu, et al. Exploring the limits of transfer learning with a unified text-to-text Transformer. *J. Mach. Learn. Res.*, 2020.

[51] Jacob Devlin, Ming-Wei Chang, Kenton Lee, and Kristina Toutanova. BERT: Pre-training of deep bidirectional Transformers for language understanding. In *NAACL-HLT (1)*, 2019.

[52] Ron Mokady, Amir Hertz, and Amit H. Bermano. ClipCap: Clip prefix for image

captioning. *arXiv preprint arXiv:2111.09734*, 2021.

[53] Van-Quang Nguyen, Masanori Suganuma, and Takayuki Okatani. GRIT: Faster and better image captioning Transformer using dual visual features. In *ECCV*. Springer, 2022.

[54] Jack Hessel, Ari Holtzman, Maxwell Forbes, Ronan Le Bras, and Yejin Choi. CLIP-Score: A reference-free evaluation metric for image captioning. In *EMNLP (1)*, 2021.

なかしま ゆうた（大阪大学）
ひろた ゆうすけ（大阪大学）
がるしあ のあ（大阪大学）

ニュウモン Data-Centric AI
AI開発のパラダイムシフト: モデルからデータへ!

■宮澤一之

1 はじめに

コンピュータビジョン（CV）のさまざまなタスクを解くにあたって，現在では深層学習を用いることが一般的となっているが，その性能を引き出すにはデータが重要となることはいうまでもない。CV における深層学習の進展を振り返ってみると，たとえば ImageNet [1] のようなデータセットが学術機関などにより公開され，これらのデータセットを使った研究が世界中で行われることで，多種多様なモデルが生まれてきた。この過程で行われてきたことは，データセットを固定のものとして扱い，モデルに創意工夫を加えることで，より高い性能でタスクを解けるようにすることである。

一方，CV の実応用としてのプロダクトやサービスの開発（以降，広く AI 開発という）では，ほとんどの場合データセットは自分たちで用意しなければならないが，モデルについては，たとえば ResNet [2] や Vision Transformer（ViT）[3] といった，すでにその高い性能が実績とともに示されている既存のものをまずは適用してみることが多い。そして，所望の性能が得られなかった場合，モデルを中心とした従来のアプローチによりデータセットを固定してモデルを改善することが考えられる一方で，自分たちの開発に特化したデータセットならば，モデルではなくデータセットに手を加えてもよいだろう。つまり，AI 開発における性能改善には，モデルとデータのどちらを改善の中心に据えるかで，以下の 2 つの基本的なパラダイムがある（図 1）。

- Model-Centric AI（MCAI）：データを固定してモデルを改善する AI 開発
- Data-Centric AI（DCAI）：モデルを固定してデータを改善する AI 開発

冒頭でも述べたように，学術的な研究の多くはモデルを中心としたものであるのに対し，実際の AI 開発においては，世界中で綿密に改善が積み重ねられてきたモデルそのものよりも，自分たちで構築したデータセットのほうが改善の余地が大きく，また最終的な性能改善への寄与も大きいことが多い[1]。にも

[1] 誤解のないように述べておくと，実応用では MCAI は不要といっているわけではない。対象とする課題や開発のフェーズに応じて両者を適切に使い分ける，あるいは組み合わせる必要がある。

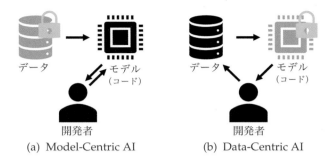

(a) Model-Centric AI　　　(b) Data-Centric AI

図 1　MCAI と DCAI の対比

かかわらず，残念ながら DCAI は語られることが少なく，体系化も不十分である。こうした状況に着目し，DCAI にも光を当て，重要性を再認識するとともに体系化を進めるべきだと提言しているのが，世界的な AI 研究者の一人である Andrew Ng 氏（以下 Ng 氏）である。以下ではまずそのきっかけとなった講演を紹介する。

1.1　Data-Centric AI ムーブメントの起こり

MCAI と DCAI を対比して DCAI の重要性を広く認知させるきっかけとなったのは，2021 年 3 月の Ng 氏による講演 "A Chat with Andrew on MLOps: From Model-Centric to Data-Centric AI" [4] である。これは，Ng 氏が設立した AI 関連のオンライン教育コースを提供する DeepLearning.AI が主催した 1 時間のオンライン講演である。

講演の中でまず Ng 氏は，鉄製品の欠陥検出，太陽光パネルの検査，表面検査の 3 種類のタスクで，MCAI と DCAI の両アプローチを比較している。この比較では，もともとあったデータセットとベースラインモデルに対して，データを固定する MCAI チームとモデルを固定する DCAI チームが，それぞれモデルの性能改善に取り組み，ベースラインからどれだけ改善したかを調査している。結果は表 1 のとおりで，DCAI チームが圧勝している。詳細な実験条件が示されているわけではないし，チームの力量の問題もあるだろうから，この結

表 1　ベースラインモデルの性能改善における MCAI と DCAI の比較（[4] より引用）。括弧内はベースラインとの差を示す。

	鉄欠陥検出	太陽光パネル検査	表面検査
ベースライン	76.2%	75.68%	85.05%
MCAI	76.2%（+0）	75.72%（+0.04）	85.05%（+0）
DCAI	93.1%（+16.9）	78.74%（+3.06）	85.45%（+0.4）

果はあくまでも参考程度に見るべきだが，これまでの経験から筆者も似たような感覚はもっている。

　そもそも DCAI では具体的にどういった取り組みが行われるのだろうか。一例として，Ng 氏はアノテーションで付与されるラベルの一貫性を高めることを挙げている。物体検出の場合，一般的にはアノテータによって画像中の対象物体を囲むバウンディングボックスがラベルとして付与される。もし猫を検出したいのであれば，図 2 のアノテータ A のようなラベルが期待されるが，単に「猫をバウンディングボックスで囲む」というアノテーションルールだったとすると，2 匹の猫をまとめて囲ってしまうかもしれないし（アノテータ B），猫の尻尾を無視してしまうかもしれない（アノテータ C）。

アノテータ A　　　　　　　　アノテータ B　　　　　　　　アノテータ C

  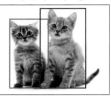

図 2　物体検出におけるアノテーションのばらつき

　このようにラベルに一貫性がないデータセットで学習しても，それがノイズとなって，高性能なモデルを得ることは難しい。そこで，たとえば複数のアノテータに同一のサンプルに対してラベルを付与してもらい，アノテータ間でばらつきが大きいサンプルを取り出して，それらに共通する問題を見つけて取り除くことが必要となる。前述の例でいえば，アノテーションルールを見直すことになるだろう。こうしたプロセスを，アノテータ間でのばらつきが一定水準以下になるまで繰り返していく。

　このようにデータセットからノイズを取り除くことは，データセットサイズが小さいほど効果がある。昨今では，研究用途で公開されるデータセットは非常に大規模なものがほとんどなのに対し，実応用においては，時間や費用の制約により，あまり大きなデータセットを構築できない場合が多い。理論的には，たとえば 500 サンプルという小さなデータセットにおいて，そのうち 12% のサンプルにノイズが含まれている場合，以下の 2 つの対策がモデルの性能改善に及ぼす効果は同じである[2]。

- ノイズを除去する
- データセットサイズを 2 倍にする

このどちらが容易かはケースバイケースかもしれないが，500 サンプルの 12%

[2] Ng 氏の講演の中ではシャノンの情報理論に基づいた計算によるものと述べられているが，具体的な導出方法は不明である。

ならば60サンプルであり，60サンプルからノイズを取り除くほうが，新たに500サンプルを集めてそれらにアノテーションするよりも容易なことのほうが多いだろう。つまり，DCAIは，十分に大きなデータセットがある場合にももちろん有効だが，実世界の課題へのAI適用においてよく見られる，小〜中規模のデータセットを扱う場合に，特に大きな効果を発揮するといえる。

　機械学習プロジェクトにおける開発から運用，保守まで含めた全体をスムーズに進めるための仕組みのことをMLOpsと呼ぶ。Ng氏は，MLOpsにおける最も重要なタスクは，プロジェクトのライフサイクルのすべてにおいて，以下に示す特徴をもつ高品質なデータセットを提供することだと述べている。

- ラベルに一貫性がある（曖昧さがない）
- 重要なケースをカバーしている
- 運用の過程でタイムリーなフィードバックがある（データドリフト，コンセプトドリフト[3]に対応できる）
- サイズが適切である

そして，プロジェクトの中でデータを繰り返し改善していくというアプローチを中心に据え，これを体系的かつ効率的に進めることを考えていくべきである，というメッセージで講演は締めくくられている。

1.2　本稿で扱う内容

　ここまでDCAIの重要性を最初に訴えたNg氏の講演を振り返ったが，MLOpsという文脈で語られていることからもわかるように，DCAI自体は，学術的な興味よりも，AI開発の現場における必要性から生まれてきたものといえる。また，DCAIそれ自体が新しい技術分野を提案しているわけではなく，すでに実際の開発現場においてある程度（あるいはかなりの程度）DCAIに即した取り組みがなされていることは間違いない。ただ，そうした個々の現場での取り組みが集約され，体系化されていくには，まだまだ時間がかかるだろう。

　一方で，学術的な視点で見てみると，冒頭で述べたように，全体の割合でいえばモデルに関する研究が主流であるものの，DCAIと関連が深い学術分野も多く存在する。そうした分野でこれまで蓄積されてきた成果をDCAIの観点からAI開発の現場に取り入れていくことは，大いに意味があると考えられる。そこで本稿では，まずDCAIにおける取り組みを，図3 (a)に示すようにデータセットの「拡大」と「改善」という2つのテーマに大きく分け，それぞれについて関連が深い学術分野を紹介する。データセットの拡大では，単に時間と費用をかけてむやみにデータセットのサイズを大きくするのではなく，効果と効率を重視するための技術に着目し，また，データセットの改善では，構築した

[3] データドリフトはモデルを学習した段階と比較して入力の性質が変わること，コンセプトドリフトは入力と出力の関係性が変わることを指し，いずれの場合も，モデルの性能を維持するためには新たなデータセットで再学習する必要がある。

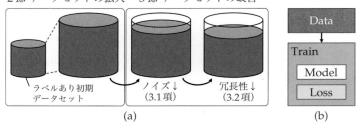

図3　本稿の (a) 構成と (b) 扱う手法の範囲。扱う手法は背景の色が濃いものほど重点的に扱っている。

データセットに含まれるノイズや冗長性を取り除き，品質を高めるための技術に着目する。

　本稿はニュウモン記事であるから，上記2つのテーマに関連してどのような学術分野が存在し，またその分野を代表する手法とはどういったものなのかを，なるべく具体的に読者の方々に理解してもらうことを目指した。したがって，とにかく多くの手法を列挙して薄く全体をカバーしたサーベイとするのではなく，典型的な手法や特筆すべき工夫が見られる手法を厳選してやや詳しく解説するようにした。なお，手法の選定にあたっては，以下のような条件も加えている。

- データに関心があるため，モデルに独自性がある手法は扱わない
- 深層学習以前の手法への言及は，必要最低限に留める
- 実応用のほとんどを占める教師あり学習だけを扱う（一部半教師あり学習を含む）

また，図3 (b) は，本稿で扱う手法の範囲を AI 開発で一般的に用いられるコードのブロックで模式的に示したものであり，色が濃いブロックほど重点的に扱っている。厳密には DCAI はデータにのみ着目するため，図の Data 部分だけが対象となる。しかし，対象を限定しすぎて有益な情報が失われることを避けるため，本稿では Train や Loss を改変する手法も一部のみだが対象に含めている。

　以降では，まず2節でデータセットの拡大について述べ，次に3節でデータセットの改善について述べる。そして，分野の体系化や発展に欠かせないベンチマークについて，DCAI に特化して提案されてきたものを4節で紹介する。

2 データセットの拡大

特に深層学習のモデルを開発する場合，十分にサイズが大きいデータセットが必要となることはいうまでもない。また，たとえば与えられたデータセットのサブセットでモデルを学習し，サブセットのサイズを大きくするにつれてモデルの性能が向上していく傾向が見られた場合，新しいサンプルを追加してデータセットのサイズを大きくすれば，さらに高性能なモデルが得られることが期待される。このとき，単に時間と費用をかけてむやみにデータセットのサイズを大きくするのではなく，DCAIの観点からは，効果あるいは効率を意識すべきである。そこで本節では，1つのサンプルを追加することによる効果を最大化する技術として能動学習を，また1つのサンプルを追加するのにかかる時間を最小化する技術として疑似ラベリングを取り上げる[4]。

2.1 能動学習

与えられたデータセットの一部にはラベルが付与されており，それを使って学習したモデルがすでに得られているときに，残りのラベルなしサンプルの中からモデルにとって学習する価値が高いサンプルを優先的に選んでラベルを付与するのが，能動学習（active learning）[6, 7, 8, 9, 10, 11]である。つまり，可能な限り少ないアノテーションコストで，可能な限り大きくモデルの性能を改善することを目指す。より具体的には，図4に示すように，何らかの戦略に基づいてラベルなしデータセットからクエリとしてサンプルを選び出し，そのクエリに対するアノテーションを主に人間のアノテータ（オラクルとも呼ばれる）に依頼する。そして，アノテータによりラベルが付与されたサンプルをラベルありデータセットに加えてモデルを再学習し，その結果に基づいて戦略を更新して次のクエリを生成する。このサイクルを，たとえばアノテーションコストが上限に達するなど，所定の終了条件が満たされるまで繰り返す[5]。

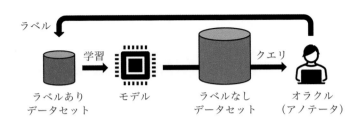

図4　能動学習のサイクル

> [4] もちろんデータ拡張も含めるべきだろうが，すでに読者にとって馴染み深いであろうし，過去に本シリーズ [5] でも取り上げられているため，割愛する。

> [5] この能動学習プロセスはプール型と呼ばれる。プール型のほか，逐次的に入力されるサンプルに対してアノテーションを要求するか否かを都度決定していくストリーム型がある。

能動学習では，いかにクエリを生成するかというクエリ戦略に，その性能が大きく左右される。代表的な戦略について以下で述べる。

(1) 不確実性サンプリング

現在のモデルがその推論結果に自信をもてない（不確実性が高い）サンプルを選ぶ戦略である。たとえば確率値が出力されるような 2 値分類モデルであれば，出力が 0.5 に近いサンプルは不確実性が高いサンプルである [12]。具体的なサンプリング方法としては，モデルが出力した予測確率の最大値が最小となるサンプルを選ぶ方法（least confident sampling）や，1 番高い確率とその次に高い確率の差が最小となるサンプルを選ぶ方法（margin sampling），確率分布のエントロピーが最大となるサンプルを選ぶ方法（entropy sampling）などがある[6]。

6) 2 値分類では，これらはすべて同じ結果となる。

(2) 多様性サンプリング

データセットの分布を代表するようなサンプルを選ぶ戦略である。前述の不確実性サンプリングは，現在のモデルにおける決定境界付近を重点的にサンプリングするため，直感的には「わからないことがわかっている」サンプル（known unknowns）にクエリが偏る。こうした偏りを避け，「わからないことがわからない」サンプル（unknown unknowns）も含めてサンプリングすることを狙っている。多様性サンプリングにはさまざまな手法が提案されており，たとえば最初にラベルなしデータセットをクラスタリングし，クラスタ中心およびクラスタ境界付近を重点的にサンプリングする方法 [13] や，すでに得られているラベルありデータセットと比べて最も類似性が低く，かつ，ラベルなしデータセットに最も類似したサンプルを選ぶ方法などがある [14]。

(3) Expected Model Change

あるサンプルにラベルが付与されて学習に使われた際にモデルがどれだけ変化するかを予測し，最もモデルを変化させるであろうサンプルを選ぶ戦略である。勾配ベースの学習においては，そのサンプルを学習に用いた際の勾配のノルムが最も大きいサンプルを選ぶ方法がその一例である。このとき，ラベルのないサンプルについて勾配を計算することはできないため，ありうるすべてのラベルに対する勾配の期待値で代用する [15][7]。類似手法として，そのサンプルへのラベル付与とモデル再学習によりどれだけエラーの削減が期待されるかを評価する方法（expected error reduction）[16] もある。

7) 付与されるラベルにかかわらず，モデルへの影響が大きいサンプルを見つけるイメージである。

(4) Query-by-Committee

複数個のモデルを用意してコミッティとし，コミッティ内での予測結果に不整合が見られる（意見が割れている）サンプルを選ぶ戦略である [17] [8]。たとえば，各モデルの予測ラベルで投票を行った場合に最も票が割れたサンプルを選ぶようなことが考えられ，票が割れていることの指標としてエントロピーを用いる手法 [20] や KL（Kullback–Leibler）ダイバージェンスを用いる手法 [21] がある。コミッティとして用意すべきモデルの個数はケースバイケースだが，たとえば 3 などの少ない個数であっても効果があるとの報告もある [22]。

2.1.2 深層学習への適用における課題

能動学習自体は深層学習以前から長い歴史をもつ分野であり，深層学習に適用する際は以下の課題があるといわれている [8]。

1. 一般的な深層学習モデルから得られるソフトマックス出力は，不確実性の尺度として適切ではない [23] [9]

2. 1 回のクエリ生成で 1 つのサンプルにのみラベルを付与するのは効率が悪い [24]

3. 特徴抽出器が固定であることを前提とした手法が多く，深層学習においてはモデルの中に特徴抽出も含まれるため，この前提に反する [25]

課題 1 への対策としては，ベイジアンニューラルネットワーク [26] を用いることで不確実性を適切に扱えるようにするアプローチがあるが [27]，対象となるモデルを限定したアプローチであるため，本稿では扱わない。また，課題 3 に対しては，学習が進むにつれてクエリ戦略もアップデートされていくべきとの考え方から，強化学習を使ってクエリ戦略を自動設計する試みがなされている [28]。しかし，ニュウモンのレベルを超えると考えられるため，こちらも本稿では割愛する。したがって，以降では課題 2 への対策について述べていく。

2.1.3 バッチ型能動学習

前項の課題 2 についてさらに詳しく述べると，多くの能動学習手法では 1 回のクエリで 1 つのサンプルを選択することを前提としているが，深層学習では学習に時間がかかることが多いため，1 つのサンプルを追加するたびに学習をやり直したのでは効率が悪いし，そもそも 1 つのサンプルを追加しただけでモデルの性能が大きく改善するとは考えづらい。

そこで，深層学習においては，1 つのサンプルではなく複数のサンプル，つまりバッチを選択することが基本となる。たとえば，従来の能動学習で 1 つのサンプルを選択していたところを複数回繰り返すように変更すれば，少なくと

8) 1 つの入力サンプルからデータ拡張によって複数のサンプルを作り出し，それぞれを単一のモデルに入力して得られる複数の予測結果でコミッティを構成する手法もある [18, 19]。

9) たとえば，誤った分類結果であるにもかかわらず高い確率を出力してしまうなどの問題がある。

もバッチを作ることはできる。ただ，これはあまり良い手法とはいえない。なぜなら，1つのバッチが似たようなサンプルばかりで構成されてしまい，サンプル間で情報がオーバーラップして，学習効率が悪くなるためである。以降では，より適切にバッチを選択することに主眼を置いたバッチ型能動学習（batch mode active learning; BMAL）の代表的な手法を紹介する。

(1) コアセット選択

コアセット [29] とは，与えられたデータセットのサブセットであり，コアセットを使って学習したモデルの性能が，データセット全体を使って学習したモデルの性能とほぼ同じになるという特徴をもつ。つまり，元のデータセットよりも小規模なデータセットで同等性能のモデルが得られるため，本来は学習の効率化を目的として研究されてきたものである[10]。Sener らはこれを BMAL に応用している [30]。コアセットは，データセット全体を代表するようなサンプルで構成されると考えられるため，コアセットでバッチを構成することは，2.1.1 項 (2) で述べた多様性サンプリングに当たる。

コアセットをどのように見つけるかを，図5を用いて説明する。この図における各点はデータセット中のサンプルを示し，青で示した点がサブセット s として選択されたサンプルであるとする。図中の半径 δ_s の円は，選択されたサブセット s の各サンプルを中心としてデータセット全体（つまり赤い点）をカバーする最小の円である。この円が小さければ小さいほど，そのサブセットはデータセット全体の分布を良く表現していると考えられるため，コアセットを見つけることは，δ_s の最小化問題に帰着できる。

いま，仮に n 個のサンプルをもつデータセットのすべてに対してラベルを付与して学習した場合の損失を L_{all}，サブセットのみにラベルを付与して学習した場合の損失を L_s とすると，両者の差の上界は，以下のように δ_s と n のみで決まることが証明できる。

10) 一般には，コアセット選択はラベルありデータセットを対象とした技術分野である。

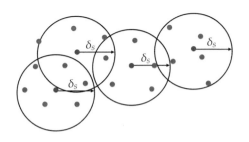

図5　半径 δ_s の最小化によるコアセットの選択（[30] より引用）

$$|L_{\text{all}} - L_s| \leq O(\delta_s) + O\left(\sqrt{\frac{1}{n}}\right) \tag{1}$$

これはつまり，サブセットのみで学習したモデルの性能をデータセット全体で学習した場合の性能に近づけたいのであれば，δ_s を小さくするようなサンプルを選ぶ必要があり，サンプルの数をむやみに増やしても δ_s が小さくならなければ意味がないことを表している。

　バッチの大きさに制約を設けた上で δ_s を最小にするようなサブセットを見つけることは NP 困難であるため，実際には，現在のサブセット s 内の最近傍との距離が最大になるようなサンプルをラベルなしデータセットから探して s に加えることを繰り返す貪欲法が用いられる。つまり，次式によって見つけたサンプルを所定のバッチサイズになるまで s に加えていく。

$$u = \underset{i \in [n] \setminus s}{\text{argmax}} \, \underset{j \in s}{\min} \Delta(x_i, x_j) \tag{2}$$

上式における $\Delta(x_i, x_j)$ はサンプル x_i と x_j の距離であり，距離計算にはモデルの最終の全結合層出力の L2 距離を用いる。しかし，こうした高次元空間におけるユークリッド距離の計算は効率が悪いため，代わりに KL ダイバージェンスを使う方法なども提案されている [31]。

　性能としては，モデルに VGG-16 [32]，評価データセットに CIFAR-100 [33] を用いた場合，ラベルを付与する割合によって変動はするが，単純なランダムサンプリングと比較して分類精度で 10 ポイント弱の改善が得られている。たとえば，全体の 30% にラベルを付与した場合の分類精度は，ランダムサンプリングが 42%，この手法が 50% となっている。なお，すべてのサンプルにラベルを付与した場合の分類精度は 65% である。

(2) BADGE

　先に述べたコアセットを使ったアプローチが多様性サンプリングであったのに対し，BADGE（batch active learning by diverse gradient embeddings）[34] は，多様性サンプリングと不確実性サンプリングの組み合わせを提案している。

　まず，BADGE では，現在のモデルでラベルなしデータセットの全サンプルを推論して（仮想的な）ラベルを付与し，このラベルを真値と考えた場合の損失から発生する勾配を求めることで，各サンプルの不確実性を評価している。ここで，この勾配のノルムは，たとえそのサンプルに対する真のラベルがどのようなものであったとしても，発生しうる勾配のノルムの下界となることが証明できる。つまり，ここで求めた仮想的なラベルによる勾配は，そのサンプルがモデルに与える影響の大きさのコンサーバティブな見積もりになっているとい

うことである。これは 2.1.1 項 (3) で述べた Expected Model Change と同種の考えだが，BADGE ではモデルの不確実性の尺度として扱っている。

次に，得られた勾配の集合に対して所定のバッチの大きさをクラスタ数とした k-means++ [35] を適用し，選ばれた初期クラスタ中心によってバッチを構成する。ここで，k-means++ は，k-means における初期クラスタ中心のランダムな選択方法を改善した手法であり，すでに選ばれたクラスタ中心との 2 乗距離が大きいサンプルが次のクラスタ中心として選ばれやすくなっている。つまり，すでに選ばれたクラスタ中心の近傍にあるサンプルは選ばれにくく，ノルムが大きいサンプルが選ばれやすい。したがって，k-means++ を用いることで，勾配ノルムが大きく不確実性が高いサンプルを選びつつ，バッチ内の多様性を確保することができる。

BADGE は，モデルのアーキテクチャ，バッチの大きさ，データセットの種類によらずロバストであるとして，これらをさまざまに組み合わせた条件下で他手法と性能比較が行われ，優位性が示されている。特に，多様性サンプリングと不確実性サンプリングを組み合わせることにより，一般的に多様性サンプリングが効果的な学習初期と，不確実性サンプリングが効果的な学習後期のいずれにおいても，両手法と同等かそれ以上の性能が得られることが報告されている。

(3) ALFA-Mix

BADGE において必要となる勾配の計算は，特に深層学習モデルでは高い計算コストを伴うため，特徴量の操作によって低コストで類似の効果を得ることを狙ったのが，ALFA-Mix（active learning by feature mixing）[36] である。ALFA-Mix では，特徴空間においてラベルなしサンプルの特徴量にわずかな摂動を加え，摂動の前後で分類結果に変化が生じるようなサンプルを，不確実性が高いサンプルと見なしている。

ラベルなしサンプルから抽出した特徴量を z，あるクラスに属するラベルありサンプルの特徴量の平均（アンカーと呼ぶ）を z^* とすると，ALFA-Mix ではパラメータ $\alpha \in [0, 1)$ を用い，次式のようにアンカーとの線形結合によってラベルなしサンプルの特徴量に摂動を加える[11]。

11) 特徴空間においてラベルなしサンプルをアンカーの方向にわずかに移動させるイメージである。

$$z_\alpha = \alpha z^* + (1 - \alpha)z \tag{3}$$

ここで，モデルのうち特徴量をクラス確率分布に変換する部分を f_c とし，結果として得られる（仮想的な）ラベルを y^* とすると，摂動を加えたサンプルの損失 l は，1 次までのテイラー展開により次式で近似できる。

$$l(f_c(z_\alpha), y^*) \approx l(f_c(z), y^*) + (\alpha(z^* - z))^{\mathrm{T}} \nabla_z l(f_c(z), y^*) \tag{4}$$

損失を最大化することを考えて上式を書き換えると，以下のようになる。

$$\max_{z^*} l(f_c(z_\alpha), y^*) - l(f_c(z), y^*) \approx \max_{z^*} (\alpha(z^* - z))^T \nabla_z l(f_c(z), y^*) \qquad (5)$$

したがって，摂動を加えることによる損失の変化は，z^* と z の差，およびラベルなしサンプルに関する損失の勾配に比例することがわかる。なお，摂動の度合いをコントロールするパラメータ α は，式 (5) の右辺の最大化問題の近似解として閉形式で求めることができる[12]。

ALFA-Mix では，すべてのラベルなしサンプルの特徴量に対して摂動を加え，摂動の前後で分類結果に変化が生じたサンプルを候補サンプルとして選ぶ。そして，バッチの大きさをクラスタ数とした k-means クラスタリングを，候補サンプルの特徴量に適用し，クラスタ中心を取り出すことでクエリを生成する。このようにすることで，BADGE と同様に，不確実性が高く，かつ多様性のあるクエリが得られる。一方で，BADGE のような勾配の計算を必要としないため，クエリ生成に要する時間は，最大で BADGE の約 50 倍高速である。

2.1.4 物体検出への適用

前項で紹介した能動学習手法はクラス分類が対象であったが，物体検出やセマンティックセグメンテーションといった他のメジャーな CV のタスクにおいてはどうだろうか。こうしたタスクは，一般にクラス分類よりも複雑なラベルを必要とするためアノテーションコストが高く，より能動学習へのニーズが大きいはずである。本項では，まず物体検出への能動学習の適用例を紹介し，次の 2.1.5 項でセマンティックセグメンテーションについて紹介する。

(1) モデルアーキテクチャに基づく Query-by-Committee

物体検出においても，これまでに説明したようなクラス分類に対する能動学習手法をほぼそのまま適用することは可能である。Roy らは物体検出モデルとして SSD（single shot multibox detector）[37] を取り上げ，能動学習手法としてブラックボックス法とホワイトボックス法を提案している [38]。ブラックボックス法は，先に述べたように従来の能動学習手法をそのまま適用する手法で，任意の物体検出モデルで利用できる。一方，ホワイトボックス法は SSD のアーキテクチャの特徴を利用した手法であり，適用できるモデルが限定されているものの，他の一般的な物体検出モデルでも利用可能である。

まず，ブラックボックス法は，物体検出モデルが出力するバウンディングボックスのクラス分類確率に基づいた不確実性サンプリングであり，minmax (mm)，maximum entropy (ent)，sum entropy (ent-sum) の 3 つが提案されている。あるサンプル（画像）を現在のモデルで推論することで，そのサンプル内に複

12) ただし，ϵ をハイパーパラメータとして $\|\alpha\| \leq \epsilon$ である。

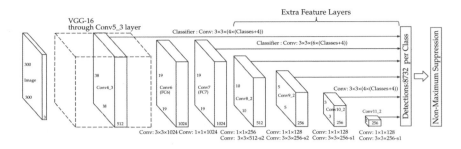

図 6　SSD のアーキテクチャ（[37] より引用）

数のバウンディングボックスが得られる。その際，mm はそれらのクラス分類確率の最大値が最小となるサンプル，ent はエントロピーの最大値が最大となるサンプル，ent-sum はエントロピーの総和が最大となるサンプルを選ぶ。

　一方，ホワイトボックス法は，図 6 に示すように，解像度が異なる複数の CNN レイヤーから物体検出の結果を出力し，それらに対して NMS（non-maximum suppression）[13] を適用して最終的な結果を得るという SSD のアーキテクチャを利用している。NMS 適用前の複数の CNN レイヤーからの出力をそれぞれ異なるモデルからの出力であると考えると，1 つの入力サンプルを複数のモデルで推論している形になるため，Query-by-Committee の考え方を利用したクエリ生成が可能となる。

　簡単のため 1 クラスの物体検出に絞って，クエリ生成の具体的な手順を説明する。いま，ラベルなしデータセット内のあるサンプルを現在のモデルで推論することでバウンディングボックスの集合が得られており，NMS や信頼度（クラス分類確率の最大値）によるフィルタリングといった後処理が施されているとする。このとき，1 つのバウンディングボックスを選び，以下の手順でそのバウンディングボックスの「マージン」を求める。

1. 対象バウンディングボックスを生成した CNN レイヤーを特定する
2. ステップ 1 の CNN レイヤー以外で検出された後処理前のバウンディングボックスのうち，対象バウンディングボックスとの IoU が閾値以上で信頼度最大のものを見つける
3. ステップ 2 のバウンディングボックスの信頼度と対象バウンディングボックスの信頼度の差をマージンとする

上記のステップを繰り返してすべてのバウンディングボックスのマージンを求める。マージンが大きいほどコミッティ内でより多くの不整合が発生していると考えられるため，サンプルごとにマージンの総和を求め，総和が大きいサン

[13] 物体検出モデルが出力した重なり合う複数のバウンディングボックスの中から，最も信頼度が高い 1 つだけを残して他を削除する後処理。

表 2　PASCAL VOC 全体の 35% を使って学習した場合の mAP〔%〕の比較 ([38] より引用)。なお，データセットのすべてに対してラベルを付与して学習 した場合の mAP は，77.2% である。

ブラックボックス法				ホワイトボックス法
mm	ent	ent-sum	ランダム	
71.69	72.11	71.28	70.26±1.59	73.72

プルを選ぶことでクエリを生成する。

　PASCAL VOC [39] での評価結果を表 2 に示す。これはデータセット全体の 35% にラベルを付与して SSD を学習した場合の mAP であり，ブラックボックス法では比較のために単純なランダムサンプリングの結果も含めている。これを見ると，ブラックボックス法に比べてホワイトボックス法のほうが効果が高いことがわかる。ホワイトボックス法は確かに SSD のアーキテクチャの特徴を利用しているものの，肝要なのは SSD におけるマルチスケールでの推論であり，これは FPN（feature pyramid network）[40] に代表される形で最近の物体検出モデルの中にも組み込まれているため，SSD 以外の多くの物体検出モデルにも適用可能であろう。

(2) CALD

　上で述べたホワイトボックス法は，SSD のアーキテクチャを利用して 1 つのサンプルをあたかも複数のモデルで推論したような結果を得ていたが，入力するサンプルのほうを複数にすることも考えられる。CALD（consistency-based active learning for object detection）[18] は，1 つのサンプルをデータ拡張し，拡張前後の推論結果の比較に基づいてクエリを生成している。

　CALD は大きく 2 つのステージに分かれ，まず第 1 ステージで入力サンプルをデータ拡張し，現在のモデルで拡張前後の双方を推論してバウンディングボックスとクラス分類確率を得る。いま，拡張前のサンプルから得られたバウンディングボックスとクラス確率分布のペアのうち k 番目のものを (b_k, c_k) [14]，拡張後のサンプルから得られたペアのうち b_k との IoU が最大のものを (b'_k, c'_k) とすると，CALD では次式によって両者の一致度 m_k を求める。

$$m_k = \mathrm{IoU}(b_k, b'_k) + \alpha(1 - \mathrm{JS}(c_k \| c'_k)) \tag{6}$$

ここで，第 1 項は b_k と b'_k の IoU，第 2 項は c_k と c'_k の JS（Jensen–Shannon）ダイバージェンスを大小反転して重み α を掛けたものである。したがって，m_k はバウンディングボックスの位置形状とクラス確率分布の双方を考慮したものになっており，m_k が小さいほどデータ拡張前後での一貫性が低く，アノテーションによりラベルを付与すべきと考えられる。サンプル単位のスコア M は，

14) データ拡張後のバウンディングボックスと比較できるよう，必要に応じて同種の形状変換を施す。

m_k を用いて次式で定義される。

$$M = \mathbb{E}_{\mathcal{A}}\left[\min_k |m_k - \beta|\right] \tag{7}$$

なお，$\mathcal{A}$ はデータ拡張の集合であり，上式は，複数のデータ拡張に対して求めた m_k の最小値の平均をそのサンプルのスコアとすることを意味している。β は定数である。

第 2 ステージでは，M が小さい一定数のサンプルがクエリの候補として選ばれた後，候補の中で現在のラベルありデータセットにおけるクラス分布と最も異なるクラス分布をもつサンプルが，順に最終的なクエリに加えられていく。なお，クラス分布の比較にも JS ダイバージェンスを用いる。こうすることで，すでに得られているラベルありデータセットと同じようなクラス分布をもつサンプルがクエリとして選ばれることが抑制され，サンプリングの偏りによるクラス不均衡の発生を回避できる。

物体検出モデルとして Faster R-CNN [41]，評価データセットとして PASCAL VOC を用いた性能評価では，3,500 枚[15]にアノテーションを行った時点で，ランダムサンプリングに対して mAP が約 1.6 ポイント改善している。また，RetinaNet [42] の場合，この条件での mAP の改善幅は約 4.6 ポイントである。

2.1.5　セマンティックセグメンテーションへの適用

能動学習のセマンティックセグメンテーションへの適用でも，基本的にはクラス分類を対象として発展してきた手法が踏襲されている。深層学習を対象とした初期のアプローチとしては，たとえばラベルありデータセットのサブセットを使って学習することで複数のモデルを用意し，それらから得られる結果の一貫性を評価する Query-by-Committee に倣った手法などが挙げられる [43]。また，セマンティックセグメンテーションは他の CV タスクに比べてアノテーションの難度が高いことに着目して，より詳細にアノテーションコストを評価するというこのタスク特有のアプローチもある。その例として，CEREALS を以下で紹介する。

CEREALS (cost-effective region-based active learning for semantic segmentation) [44] は，画像ごと，さらには 1 枚の画像中の領域ごとにアノテーションコストが異なるというセマンティックセグメンテーション特有の課題にフォーカスした手法で，画像単位ではなく，画像の局所領域単位でクエリを生成するアプローチをとっている。

一般的なセマンティックセグメンテーションモデルでは，あるサンプルの推論によって画素ごとのクラス分類確率が得られ，これを後処理することで図 7 (a) に示すようなセグメンテーション結果を求める。このとき，CEREALS では

15) 論文に記載がないが，実験に使われた PASCAL VOC 2012 の学習データセットは 5,717 枚なので，全体の 6 割ほどと思われる。

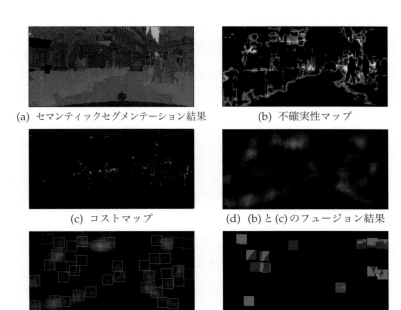

(a) セマンティックセグメンテーション結果 　　(b) 不確実性マップ

(c) コストマップ 　　(d) (b) と (c) のフュージョン結果

(e) クエリ 　　(f) アノテーション結果

図 7 CEREALS におけるクエリ生成プロセスの可視化 ([44] より引用)。セマンティックセグメンテーション結果 (a) の生成時に得られる不確実性マップ (b) のほか，アノテーションコストを予測するモデルによりコストマップ (c) を生成し，両マップのフュージョン結果 (d) から，局所領域単位でクエリを生成する (e)。したがって，最終的に得られるラベル (f) も局所的なものとなる。

画素ごとにクラス分類確率からエントロピーを求め，これを不確実性の尺度として，図 (b) に示すような不確実性マップを生成する。加えて，図 (c) のような領域ごとのアノテーションコストの大小を表すコストマップを生成する。

ここで，CEREALS では，アノテーション時のクリック回数をアノテーションコストと捉え，もう 1 つのモデル[16]を用意してコストマップの生成を学習している。このモデルの学習のためには，アノテーション時に画像中のどの領域をどれだけクリックしたかを真値として用意する必要があり，たとえば Cityscapes [45] などで提供されているポリゴンの頂点情報を利用する。

CEREALS の目的は，不確実性が高い（エントロピーが大きい）がアノテーションコストは小さい領域をクエリとして生成することであり，不確実性マップとコストマップ（の大小を反転したもの）を重み付き和などでフュージョンした上で（図 7 (d)），値が大きくなる領域を固定サイズの矩形で抽出することで，クエリを生成している（図 (e)）。したがって，こうしたクエリに対するアノテーション結果は，図 (f) のように局所的なものとなる[17]。

Cityscapes を使った性能評価では，データセット全体にラベルを付与して学

[16] 画像を入力として 2 次元のマップを出力するため，セマンティックセグメンテーションと同じアーキテクチャのモデルを用いる。

[17] モデルの学習時には，ラベルが付与された局所的な領域でのみ損失が発生するように，それ以外の領域をマスクする。

習した場合の mIoU を基準として，その 95% に達するまでにどれだけのアノ
テーションが必要かを調査している。ランダムサンプリングの場合，mIoU が
基準の 95% に達するまでに必要なクリック回数は，データセット全体にラベル
を付与する場合の 29.86% であるのに対し，CEREALS では 17.07% に抑えられ
ている。

2.2　疑似ラベリング

　2.1 項で述べた能動学習は，データセットの拡大のために効果が最大になるよ
うなサンプルに人間がラベルを付与するというアプローチであったが，効率を最
大化するという観点では，機械による自動的なラベル付与も考慮すべきアプロー
チの 1 つだろう。このようなアプローチは疑似ラベリング（pseudo labeling）
[46] と呼ばれ，半教師あり学習 [47, 48, 49] の一環として研究が行われている。

2.2.1　疑似ラベリングの効果

　疑似ラベリングの仕組み自体は非常に単純であり，ラベルありデータセット
で学習したモデルでラベルなしサンプル x を推論し，得られるクラス分類確率
が最大になるクラスを x のラベルとして付与して，モデルを再学習するという
ものである。x を入力したときのモデル出力のうち i 番目のクラスに対応する
ものを $f_i(x)$ と表すと，i 番目のクラスに対応する疑似ラベル y_i' は，次式で与
えられる。

$$y_i' = \begin{cases} 1, & i = \operatorname*{argmax}_{i'} f_{i'}(x) \text{ の場合} \\ 0, & \text{その他の場合} \end{cases} \tag{8}$$

　ラベルありサンプルに対する損失を L_l，疑似ラベルを付与したラベルなしサ
ンプルに対する損失を L_u とすると，学習時の最終的な損失は次式のようになる。

$$L = L_l + \alpha(t)L_u \tag{9}$$

$\alpha(t)$ は両者のバランスを調整する重みであり，SGD の繰り返しステップ t に応
じて変更される。モデルの学習とともに疑似ラベルも更新されるが，当然なが
ら学習の初期は疑似ラベルの信頼性が低いと考えられるため，t が小さいうち
は $\alpha(t)$ を小さくし，t が大きくなるにつれて $\alpha(t)$ も大きくしていく。

　ここで，式 (8) からわかるように，疑似ラベルは one-hot ベクトルであるか
ら，式 (9) による学習は，第 2 項の効果によってラベルなしサンプルに対する
エントロピー正則化としてはたらく。エントロピー正則化 [50] は，ラベルなし
サンプルに対してモデルが出力する確率分布のエントロピーが小さくなるよう
に（one-hot ベクトルに近くなるように）促すもので，これにより決定境界が特

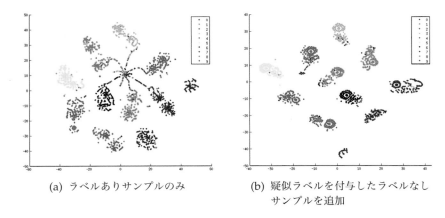

(a) ラベルありサンプルのみ   (b) 疑似ラベルを付与したラベルなし
サンプルを追加

図 8　MNIST における疑似ラベリングの効果の可視化 ([46] より引用)。(a) 600
枚のラベルありサンプルで学習した場合と，(b) それに加えて 60,000 枚の疑似
ラベル付きサンプルを用いた場合。

微空間において密度が低い部分を通るようになり，汎化性能が向上するといわ
れている。図 8 (a) は，MNIST の 600 枚のラベルありサンプルで学習したモデ
ルで抽出したテストデータの特徴量を t-SNE [51] で可視化した結果であり，図
(b) は 60,000 枚のラベルなしサンプルに疑似ラベルを付与したものを加えて学
習した場合の同様の可視化結果である。疑似ラベリングによってモデル出力が
one-hot ベクトルに近づき，各クラスの分布がより凝集していることがわかる。

　なお，当然ながらモデルによる推論が常に正しいわけはなく，疑似ラベリン
グには，モデルによって誤ってつけられたラベルにオーバーフィットするなど
の課題がある。これは確証バイアス（confirmation bias）[52] と呼ばれ，バイ
アスを解消する方法として，mixup [53] の利用や，学習時のミニバッチに含ま
れるラベルありサンプルの数を増やすことなどが提案されている [52]。また，
Curriculum Labeling [54] では，すべてのラベルなしデータに疑似ラベルを付
与して学習に用いるのではなく，信頼性が高い一部だけを用いることでバイア
スの解消と性能改善を図っている。

2.2.2　一貫性正則化との組み合わせ

　疑似ラベリングを含む学術分野である半教師あり学習において，疑似ラベリ
ングが利用しているエントロピー正則化と並んで一般的な手法が，一貫性正則
化（consistency regularization）[55] である。これは，入力サンプルにある程
度の変換（画像の場合は幾何学的・光学的変換など）を加えても推論結果は変
換前と変わらないはずだという考えから，同じサンプルに異なる変換を加えて
生成した 2 つのサンプルをそれぞれ推論し，両結果の距離を最小化するように

学習を行う手法である．疑似ラベリングにおいても，一貫性正則化を取り入れることで高い効果が得られることがわかっている．

(1) FixMatch

FixMatch [56] は，基本的な流れは疑似ラベリングと同様だが，ラベルなしサンプルに対して疑似ラベルを付与する際と，付与した疑似ラベルで学習する際に，入力サンプルに対してそれぞれ異なる強度の変換を適用する．具体的には，疑似ラベルを付与する際は「弱い」変換，学習の際は「強い」変換を施すことで，一貫性正則化の効果を得ている．

画像分類の場合，弱い変換として左右反転と並行移動，強い変換として RandAugment [57] と CTAugment [58] のいずれか，および Cutout [59] を用いている．RandAugment は適用する変換の種類とその強度をランダムに決めるのに対し，CTAugment は，変換の種類はランダムだが強度は学習時に適応的に決める．いずれも，変換の種類と強度を強化学習によって決める AutoAugment [60] の派生形といえるが，AutoAugment は，強化学習に必要なラベルありサンプルの数が少ない半教師あり学習においては効果が小さい．

モデルとして Wide ResNet [61]，評価データセットとして CIFAR-10 を利用し，全体の 50,000 サンプルのうち 4,000 サンプルをラベルあり，残りをラベルなしとして FixMatch による疑似ラベリングで学習した場合，分類エラー率は 4.26% となっている．元論文には記載がないため，同実験条件の文献 [62] を参照すると，全ラベルを使った場合のエラー率は 4.17% である．つまり，FixMatch ではデータセット全体の 8% にしかラベルを付与していないにもかかわらず，全体にラベルを付与して学習した場合からの精度低下を 0.1 ポイント程度に抑えられるということである．また，極端なケースとして，CIFAR-10 の各クラスで 1 つのサンプルにしかラベルを付けない（つまり 10 ラベル）場合[18] の実験も報告されており，このときのエラー率は 22% と 80% 近くの精度が得られている[19]．

(2) STAC

FixMatch の研究グループが FixMatch と同様の考えを物体検出にも適用したのが，STAC（SSL framework for object detection based on self-training and augmentation driven consistency regularization）[63] である．つまり，ラベルなしサンプルに対して現在の物体検出モデルで推論を行い[20]，得られたバウンディングボックスを疑似ラベルとして付与する．次に，そのサンプルに強い変換を施した上で，疑似ラベルを用いて物体検出モデルを再学習する．

変換は RandAugment を物体検出向けに拡張したものを用いており，物体検出向けの AutoAugment [64] で提案された探索空間に基づいて，画像全体に対

[18] かろうじて教師あり学習だが，ほぼ教師なし学習であるため，Barely Supervised Learning と呼ばれている．

[19] ラベルありサンプルとして典型的な画像を選択した場合であり，ランダムに選択した場合の精度は 48.58%〜85.32% と幅がある．

[20] FixMatch とは違い，弱い変換は適用せず，元のサンプルをそのまま用いる．

する色変換の集合（C），画像全体に対する幾何変換の集合（G），バウンディングボックスの内部のみに対する幾何変換の集合（B）からランダムに選択して適用している。具体的には，まずCから1つを選んで適用し，次にGまたはBから1つを選んで適用する。最後にCutoutも適用する。

モデルとしてFaster R-CNN，評価データセットとしてMS COCO [65] を用いた場合の性能評価結果を表3に示す。ここでは，通常の教師あり学習としてラベルありサンプルのみを利用した場合と，STACによりラベルなしサンプルも利用した場合の性能を，ラベルありサンプルの割合を変えて比較している。いずれの割合でも，STACによるラベルなしサンプルの活用が効果を発揮していることがわかる。

表3　MS COCOにおける通常の教師あり学習とSTACのmAP〔%〕の比較（[63] より引用）

手法	ラベルありデータの割合			
	1%	2%	5%	10%
教師あり	9.83±0.23	14.28±0.22	21.18±0.20	26.18±0.12
STAC	13.97±0.35	18.25±0.25	24.38±0.12	28.64±0.21

2.2.3　視覚言語モデルの活用

最近の興味深い流れとして，CLIP（contrastive language-image pre-training）[66] のような大規模な学習済み視覚言語モデルを活用して疑似ラベルを生成するアプローチも登場してきている。その例としてMaskCLIP+ [67] を以下で紹介する。

MaskCLIP+は，セマンティックセグメンテーションの学習のための疑似ラベルをCLIPから生成している。MaskCLIP+は，まず図9の灰色の領域に示すMaskCLIPにおいて，CLIPの画像エンコーダから得られる特徴マップに対してテキストエンコーダから得られるテキスト特徴を1×1 Convで畳み込むことで，画素単位でのクラス分類を行う。これを疑似ラベルとして，既存のセマンティックセグメンテーションモデルであるDeepLab [68] を学習する。学習が必要なのは，図9の黄色の領域（DeepLabの一部）のみである。

MaskCLIP+によるセマンティックセグメンテーションの結果例を，図10に示す。これは，人手によるアノテーションはいっさい使わず，完全に疑似ラベルのみで学習したモデルによる結果である。このように，現在急速に進展，オープン化が進んでいる大規模な学習済みの視覚言語モデルあるいは画像生成モデルなどから他のCVタスクに有用な情報を抽出する取り組みは，今後広がっていくと考えられる [69]。

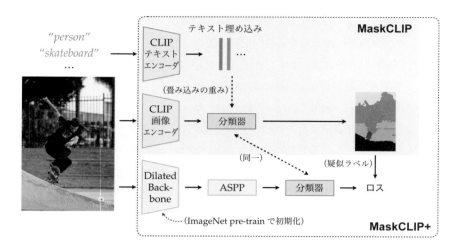

図 9　MaskCLIP と MaskCLIP+ の処理フロー（[67] より引用）

(a) 入力画像　　　　　　(b) MaskCLIP　　　　　　(c) MaskCLIP+

図 10　MaskCLIP と MaskCLIP+ によるセグメンテーション結果（[67] より引用）

2.3　能動学習と疑似ラベリングの組み合わせ

2.1 項と 2.2 項で説明した能動学習と疑似ラベリングは，知識の強化を，前者はモデルがまだ獲得できていないであろう知識を人間に尋ねることで，後者はモデルがすでに獲得したであろう知識を自分自身にフィードバックすることで行うという点で相補的であり，両者を組み合わせるとさらに効果が高まると予想される。

(1) CEAL

CEAL（cost-effective active learning）[25] は，能動学習と疑似ラベリングのシンプルな組み合わせである。まず，与えられたラベルありデータセットでモデルを学習し，得られたモデルでラベルなしデータセットの全サンプルを推論する。そして，典型的な不確実性サンプリングによって不確実性が高い一定数のサンプルをクエリとして生成し，アノテーションを依頼する。残ったラベルなしサンプルのうち，クラス分類確率のエントロピーが小さいサンプルは，モ

デルが高い信頼度で推論していると見なし，モデルが予測したラベルを疑似ラベルとして付与する。最後に，それぞれで新たにラベルが付与されたサンプルをラベルありデータセットに追加し，モデルを再学習する。このサイクルを所定の回数に達するまで繰り返す。なお，学習が進むにつれてモデルは高い信頼度で予測するようになっていくため，疑似ラベルを付与するサンプルを選択する際のエントロピーの閾値は，徐々に小さくしていく。

(2) レアクラスの学習

Mullapudi らは，レアなクラスに対する画像分類に着目し，レアな対象クラスの非常に小さなラベルありデータセット（各クラス 5 枚程度）と，対象クラスに加えて背景クラス（対象クラス以外のクラス）を大量に含むラベルなしデータセット[21] が与えられているという課題設定で，能動学習と疑似ラベリングを組み合わせている [70]。

そもそも与えられるラベルありデータセットが不十分であり，教師あり学習で適切な初期モデルを得ることができないため，まず ImageNet などで学習済みのモデルから得られた特徴量を使って，ラベルなしサンプルをラベルありサンプルとの距離が小さい順にソートする。上位にあるサンプルは対象クラスを含む可能性が高いため，一定数の上位サンプルをクエリとして生成し，アノテーションを依頼する。一方，下位にあるサンプルはほぼ背景クラスと考えられるため，下位 50% から一様にランダムサンプリングを行い，選ばれたサンプルには疑似ラベルとして背景クラスのラベルを付与する。

以降，拡充したラベルありデータセットでモデルを学習し，同様の処理をループすることが考えられるが，この手法では，図 11 に示すように各サンプルから抽出した特徴量をキャッシュした上でループを二重化し，内側のループ（図 11 右）ではキャッシュした特徴量を使ってシンプルな線形モデルのみを学習している。そして，線形モデルの出力を使ってラベルなしサンプルを順位付けし，クエリとするか疑似ラベルを付与するかを決めてデータセットを更新する。こ

[21] レアな対象クラスはほとんど含まれておらず，背景クラスの割合が 99.9% 程度となっている。

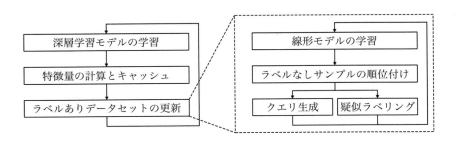

図 11　深層学習モデルによる特徴量のキャッシュと二重ループによる効率化

れを何度か繰り返した後，外側のループ（図11左）に移り，ここで深層学習モデルを学習するとともに，特徴量とキャッシュの更新を行う。これにより，計算負荷が高い深層学習モデルの学習をループのたびに行うことを避け，学習を効率化することが可能となる。

2.4　まとめ

本節では，データセットの拡大と関連が深い学術分野として，1つのサンプルを追加することによる効果を最大化するという観点から能動学習を，また，1つのサンプルを追加するのにかかる時間を最小化するという観点から疑似ラベリングを取り上げて解説した。より深く知るための文献としては，能動学習については深層学習以前のサーベイ [6,7] や，深層学習に特化したサーベイ [8,9,10,11] などがある。そのほかに，特に深層学習モデルにおける不確実性をいかに定量化するかという問題 [71] も非常に関連が深い。一方，疑似ラベリングについては，それを含むより広い学術分野である半教師あり学習のサーベイ [47,49] や，本シリーズの過去記事 [48] などが参考になるだろう。

3　データセットの改善

22) サンプルの品質はさまざまな基準に基づいて評価されるが，本稿では主に，誤ったラベルが付与されたサンプルを低品質なサンプルとしている。

どれほど注意を払って構築したデータセットであっても，品質が低く[22]，ノイズとなるようなサンプルや，品質は高くてもモデルの学習に寄与しない冗長なサンプルが混入することは不可避であろう。そこで，構築したデータセットに含まれる低品質・冗長なサンプルを特定し，削除できれば，学習するデータセットの品質が改善されて，モデルの性能向上が期待できる上，データセットのサイズが小さくなり，学習にかかる時間やストレージコストも削減できる。本節では，データセットの改善と関連が深い学術分野として，低品質なサンプルの特定という観点からロバスト学習を，冗長なサンプルの特定という観点からデータ剪定を取り上げる。

3.1　ロバスト学習

アノテーション時のミスなどによって，本来付与されるべきラベルとは異なるラベルが付与されたサンプルが学習データセットに含まれていると，当然ながらモデルの学習にとってノイズとなり汎化性能の低下を招く [72]。しかし，現実世界のデータセットにこうしたノイズはつきものである。ImageNet はもちろん，MNIST にすらノイズが存在するし [73]，一般的なデータセットには8.0% から 38.5% のノイズが含まれているとの報告もある [74]。こうした課題に対し，可能な限りノイズの影響を軽減してモデルの性能低下を抑えるアプロー

チは，ロバスト学習 [74] などと呼ばれている。

ロバスト学習において着目される主要な観点として，モデルアーキテクチャ，損失関数，正則化，学習サンプルの選定がある。これらのうち本稿で興味があるのは，学習サンプルの選定である。これは，正しいラベルをもつ「クリーン」なサンプルと，誤ったラベルをもつ「ノイジー」なサンプルを区別し，クリーンなサンプルだけを使って学習することでモデルの性能低下を抑える手法である。複数のモデルを使うか否かで大きく 2 つに分けられるが，本項では，より実践しやすい単一モデルによる手法について説明する。

3.1.1 小損失トリック

最も一般的なのが，小損失トリック（small-loss trick）によってクリーンなサンプルを選定する方法である。小損失トリックは，深層学習モデルが学習初期においては判断が容易なサンプルにフィットし，学習が進むにつれて判断が困難なサンプルにもフィットし始め，やがてすべてのサンプルを「記憶」するようになるという記憶効果（memorization effect）[75] に基づいている。つまり，モデルは学習の初期にクリーンなサンプルに，それ以降徐々にノイジーなサンプルに適応していくと考えられるため，学習の初期に損失が小さいサンプルをクリーンな（また，損失が大きいサンプルをノイジーな）サンプルとして選定するのが小損失トリックである。

(1) ITLM

ITLM（iterative trimmed loss minimization）[76] は，モデルの学習の過程で小損失トリックを使ってノイジーなサンプルを除外していくシンプルな手法である。ITLM では，学習の各エポックにおいて，現在のモデルで全サンプルの損失を計算し，これを昇順にソートして上位の一定数のサンプルだけをモデルのパラメータ更新に使う。このとき，どの程度の数のサンプルをクリーンと見なして使うかは，データセットに含まれるノイズの割合によって決める[23]。

(2) INCV

INCV（iterative noisy cross-validation）[77] は，実際のモデルの学習に先立ってサンプル選定を行う手法であり，学習データセットをランダムに二分し，それぞれを交互に学習と検証に使う交差検証を繰り返す。具体的には，二分した一方（学習側）で学習したモデルで他方（検証側）の各サンプルを推論し，正しく分類できたサンプルをクリーンなサンプルの集合に加えるとともに，損失が大きいサンプルをノイジーなサンプルの集合に加える。次に，学習と検証を入れ替えて同様のことをする。続いて，クリーンともノイジーとも判断されな

[23] 与えられたデータセットにおけるノイズの割合は一般には未知であり，ITLM では，たとえば交差検証によって最適な割合を探索することなどが必要になる。

かった残りのサンプルを再び二分して同じ処理を繰り返す。このプロセスを反復していくことで，最終的に元のデータセットからクリーンなサンプルだけを取り出すことができる。

上述した各ステップにおいて，損失が大きいサンプルをノイジーなサンプルとして取り出す際，その個数を決めるために，データセットに含まれるノイズの割合を知る必要がある。INCV では，検証データセットで求めたモデルの精度 *acc* と，学習データセットにおけるノイズの割合 τ との関係を，以下のように導出している。

$$acc = \begin{cases} (1 - \tau)^2 + \tau^2/(C - 1), & \text{symmetric な場合} \\ (1 - \tau)^2 + \tau^2, & \text{asymmetric な場合} \end{cases} \tag{10}$$

ここで，C は分類対象となるクラスの数であり，symmetric とは，クラスによらずノイズの割合が一定であること，asymmetric とは，クラスによってノイズの割合が異なることを意味する。INCV では，検証データセットで求めた *acc* から上式を使ってノイズの割合 τ を求め，これに基づいて，どの程度の数のサンプルをノイジーと見なすかを決めている。

3.1.2　モデルの分類結果の利用

前項で述べた INCV でも一部用いられていたが，学習時の損失のほかに，モデルがそのサンプルを正しく分類できるかどうかも，クリーンかノイジーかの判断に有効であると考えられる。誤ったラベルを付与されたサンプルは，モデルが正しく分類できない可能性が高いが，すでに述べたように，記憶効果によって最終的にはモデルに記憶されてしまうことに注意する必要がある。

(1) MORPH

ITLM や INCV のような比較的シンプルな小損失トリックの利用は，クリーンであるが判断が困難なサンプルをノイジーなサンプルと見なしてしまうおそれがある。本来こうしたサンプルはモデルの汎化性能を高める上で重要であるにもかかわらず，学習初期に損失が大きいゆえに除外され，学習に使われなくなってしまうことになる。こうした課題に対し，MORPH [78] [24] は学習過程を前半・後半の 2 ステージ[25] に分けることを提案した。最初のステージでは，ノイジーなサンプルの記憶が発生しづらいため，すべてのサンプルを用いて学習を行う。そして，その結果に基づいてクリーンなサンプルの集合を求め，次のステージでは，クリーンなサンプルの集合だけを使って学習と更新を繰り返すことで，クリーンなサンプルを徐々に拡張していく。

MORPH では，モデルに記憶されたサンプルの数に基づいて，ステージの切り替え点を求める。ここで，記憶されたかどうかの判定には，あるサンプルが

[24] MORPH が何の略称なのかは，論文中に示されていない。
[25] 前半を Seeding，後半をEvolution と呼んでいる。

学習時にモデルに提示された際，モデルがそのサンプルをどのクラスに分類したかの履歴を用いる[26]。この履歴において最大頻度で予測されたクラスがそのサンプルに付与されたラベルと一致している場合，そのサンプルは記憶されたと見なす。

　詳細な導出は割愛するが，ステージの最適な切り替え点は，データセットのサンプル数を n，ノイズの割合を τ とすると，記憶されたサンプルの数が $(1-\tau)n$ に一致するタイミングである。これは，モデルが最初にクリーンなサンプルに適応（記憶）していくという記憶効果からも直感的にわかる。なお，MORPH では，学習時の全サンプルの損失の分布がクリーンなサンプルとノイジーなサンプルで二峰性分布になるとの考えから，GMM（Gaussian mixture model）を損失の分布に当てはめることで，ノイズの割合 τ を推定している。

　後半のステージでは，上述した切り替え点において記憶されていたサンプルをクリーンなサンプルと見なして集合を作り，これだけを使ってモデルを学習する。そして，モデルのパラメータを更新するたびに新たに記憶されたサンプルをクリーンなサンプルの集合に追加し，逆に忘却されたサンプルを除外していく。これを繰り返していくことで，最終的にクリーンなサンプルの集合と，それを使って学習したモデルが得られる。

(2) Confident Learning

　モデルが高い信頼度で予測したラベルがそのサンプルに対する真のラベルであると考え，真のラベル y^* と（ノイズを含む）実際に付与されたラベル $\tilde{y}$ の同時分布 $p(\tilde{y}, y^*)$ の推定値からノイジーなサンプルを特定することを提案したのが，Confident Learning [73] である。Confident Learning では，まず交差検証を行うことで，すべてのサンプルについて，検証データとして推論したときのクラス分類確率を求める。そして，各サンプルで確率が最大となるクラスを真のラベルであると見なし，そのサンプルに付与されたラベルとの関係をカウントして図 12 左のような行列を作る。この図において，たとえば y^* = キツネ，$\tilde{y}$ = 犬 は 40 となっているが，これはつまり，真のラベルがキツネであるにもかかわらず，犬というラベルを付与されているサンプルが 40 個あることを意味する。ここで，確率の最大値（信頼度）が閾値に満たないサンプルはカウントしない。閾値はクラスごとに適応的に決めており，あるクラスの予測確率をそのクラスのラベルが付与されたサンプル全体で平均化したものを閾値として使う。これにより，クラス不均衡などの原因によりクラス間で信頼度の大小傾向が異なる場合に対処できる。同時分布 $p(\tilde{y}, y^*)$ は，図 12 左のように得られたカウントの行列をサンプル数で正規化[27]することで，右図のように求められる。

　図 12 の行列を使ってノイジーなサンプルを特定する方法としては，たとえ

26) 履歴の長さはハイパーパラメータであり，論文ではグリッドサーチにより 10 としている。

27) 単純に全サンプル数で割るのではなく，信頼度に対する閾値処理によってカウントされなかったサンプル数を補正する。

真のラベル y^*

	犬	キツネ	牛
犬	100	40	20
キツネ	56	60	0
牛	32	12	80

正規化 →

	犬	キツネ	牛
犬	0.25	0.1	0.05
キツネ	0.14	0.15	0
牛	0.08	0.03	0.2

図 12 Confident Learning における真のラベルと実際に付与されたラベルの同時分布の推定

ば単純に正規化前の行列から非対角成分を取り出すアプローチや，正規化後の行列にデータセットのサイズを乗じてクラスごとにノイジーなサンプルの個数を見積もり，信頼度が低い順にその個数分だけサンプルを取り出すアプローチなどが考えられる。実際に Confident Learning で特定された，ImageNet におけるノイジーなサンプルの例を図 13 に示す。単にアノテーション時に誤ったラベルを付与されたサンプル（赤枠）のほか，そもそもクラス設計やアノテーションルールにおける問題に起因する曖昧なサンプル（緑枠）や，複数物体を含むサンプル（青枠）なども見つけることができている。なお，さまざまなデータセットにおいて Confident Learning で特定されたノイジーなサンプルが，https://labelerrors.com/ で公開されている。

3.2　データ剪定

　深層学習で一般に利用される大規模なデータセットは，たとえ適切にノイズが除去されていたとしても，すべてのサンプルが等しくモデルの性能に寄与するということは考えにくい。逆にいえば，一度構築したデータセットの中からモデルの学習により多く寄与するサンプルだけをうまく選び出して，データセットの冗長性を削減してサイズを小さくできれば，モデルの性能を維持しつつ，学習にかかる時間やストレージコストを削減することができる。

　このように，モデルの性能を落とさずにデータセットのサイズを削減する研究は，2.1.3 項 (1) で述べたコアセット選択と関連が深い。ただ，研究によっては必ずしもコアセットという用語ではなく，たとえばデータ剪定（data(set) pruning）[79, 80] やインスタンス選択（instance selection）[81] といった用語も用いられている。そこで，本項では，これらを総括する用語としてデータ剪定という用語を用いて，代表的な手法を紹介する。

図 13　Confident Learning で特定された ImageNet におけるノイジーなサンプル（[73] より引用）。赤枠：誤ったラベル、緑枠：曖昧なラベル、青枠：マルチラベル。

(1) 忘却スコア

Toneva らは，モデルが新しいタスクを学習する際に過去に学習したタスクを忘れてしまう破滅的忘却を，同じタスクの学習に拡張した。つまり，同じタスクの学習であっても SGD による最適化の過程でミニバッチが次々とモデルに提示される状況は，異なる「ミニ」タスクを継続的に学習し続けていることと同じであり，やはりサンプル単位での破滅的忘却が起きると考えた。そして，各サンプルで発生する忘却の頻度と，そのサンプルがモデルの性能に与える影響を調査した [82]。

具体的には，まず与えられたデータセットを使って通常どおりにモデルを学習する過程で，あるサンプルがモデルに提示された際，モデルがそのサンプルを正しく分類できるかどうかを調べた。ここで，直前の提示で正しく分類されていたサンプルが，現在の提示では誤って分類されたとき，そのサンプルは忘却されたと判断する[28]。そして，学習中に発生した忘却の回数をサンプルごとにカウントした。

28) 3.1.2 項で述べた MORPH において，記憶する履歴の長さを 2 にすることに近い。

図 14 は，CIFAR-10 において忘却が 1 回も発生しなかったサンプルと，忘却回数が最も多かったサンプルの例である。これを見てもわかるように，忘却が発生しないサンプルはモデルにとって分類が簡単なサンプルであり，したがって，学習においてそれほど重要でないと考えられる。たとえば，簡単なデータセットの代表例である MNIST では，全サンプルの 91.7% で忘却が発生しないのに対し，CIFAR-10 では 31.3% まで低下する。

このことから，各サンプルの忘却回数をスコアとすると，スコアが小さいサンプルはモデルの学習への寄与が小さく，データセットから削除してもモデルの性能に与える影響が小さいと考えられる。実際に，CIFAR-10 においてスコアが小さいサンプルを削除してモデルを学習した場合，35% を削除した段階での性能低下は 0.2 ポイント，60% を削除した段階で 1.8 ポイント程度である。ランダムに削除した場合は，それぞれ 1.0 ポイント，3.3 ポイント程度の性能低下

(a) まったく忘却されなかったサンプル

(b) 頻繁に忘却されたサンプル

図 14　CIFAR-10 において，(a) まったく忘却されなかったサンプルと，(b) 頻繁に忘却されたサンプル （[82] より引用）

が生じることから，忘却回数をスコアとしたデータ剪定が効果的であることがわかる。

(2) GraNd/EL2N スコア

前述した忘却スコアは，たとえば CIFAR-10 を 200 エポックで学習する場合，値が安定するまでに 75 エポック程度を要する。つまり，データ剪定を目的としたスコア計算のための学習を，それなりに長く続ける必要がある。この課題に着目し，学習初期の段階でスコアを計算できるようにしたのが，GraNd（gradient normed）スコアおよび EL2N（error L2-norm）スコア [83] である。

あるサンプル x に付与されたラベルが y であるとき，このサンプルに対する GraNd スコアと EL2N スコアは，それぞれ次式で定義される。

$$\text{GraNd スコア} = \mathbb{E}_{\theta_t} \|\nabla_{\theta_t} l(p(x, \theta_t), y)\|_2 \tag{11}$$

$$\text{EL2N スコア} = \mathbb{E} \|p(x, \theta_t) - y\|_2 \tag{12}$$

ここで，SGD の反復数を t とし，t において重み θ_t をもつモデルに x を入力して得られるクラス分類確率を $p(x, \theta_t)$，ラベル y との間で計算される損失を $l(p(x, \theta_t), y)$ としている。つまり，GraNd スコアは勾配のノルムの期待値，EL2N スコアはモデル出力とラベル（one-hot ベクトル）の L2 誤差の期待値により GraNd スコアを近似したものである。

能動学習におけるクエリ戦略の 1 つとして，2.1.1 項でも述べたように，大きな勾配をもつサンプルはモデルの学習への寄与が大きいと考えられる。したがって，学習の過程で求めた各サンプルの GraNd ないし EL2N スコアの大きさでサンプルをソートし，スコアが小さいサンプルを削除することで，モデルの性能低下を抑えたデータ剪定が可能となる。なお，両スコアは期待値の形をとっているが，ある 1 回の BackProp で見ると，勾配も L2 誤差も確率変数にはならないため，実際には初期値を変えて複数回の学習[29] を行い，それらの間での平均をとっている。

性能評価では，GraNd，EL2N スコアのいずれも，学習初期の数エポックだけを計算に利用するだけでデータ剪定の効果的な尺度となることが示されている。また，興味深いことに，特に GraNd スコアは，初期化した直後のモデルで計算した場合でも高いデータ剪定性能を示しており，ランダムな重みをもつ深層学習モデルであっても，そこから得られる勾配には，データ剪定に有用な情報が多く含まれていることが示唆されている。

(3) 組み合わせ最適化

上述したスコアベースの手法は，サンプル単位のスコアに基づいてデータ剪定を行っており，サンプル間の関係性を考慮していない。そこで，Yang らは，

[29] 論文中の実験では，初期値を変えて 10 回の学習を行っている。

与えられたデータセットで学習したモデルを使って各サンプルを評価し，得られた評価値の組み合わせを最適化することでデータ剪定を行う方法を提案した[80]。

サンプルの評価は，与えられた学習データセット全体で学習した場合と，対象サンプルを取り除いたデータセットで学習した場合とで，モデルのパラメータがどれだけ変化するかを求めることで行う。もちろん，実際にモデルを学習してこれを計算することは非現実的であるため，勾配とヘッセ行列を使った影響関数（influence function）[84] による推定結果で代用している。サンプル数 n のデータセット全体で学習して得られるモデルの重みを θ，サンプル x を取り除いたデータセットで学習して得られるモデルの重みを θ_{-x} とすると，その差は次式で近似できる。

$$\theta_{-x} - \theta \approx \frac{1}{n} H_\theta^{-1} \nabla_\theta l(x, \theta) \tag{13}$$

30) ヘッセ行列の逆行列は計算コストが高いため，実装においては高速な 2 次最適化に基づく手法 [85] を利用している。

ここで，$l(x, \theta)$ はサンプル x の損失を表し，$H_\theta = \frac{1}{n} \sum_x \nabla_\theta^2 l(x, \theta)$ である[30]。

いま，与えられたデータセットに含まれる n 個のサンプルすべてについて，式 (13) によりモデルに与える影響が求められており，その集合を $\mathbb{S}$ とすると，モデルへの影響をある一定値（ϵ）以下に抑えつつ，与えられたデータセットから可能な限り大きいサブセットを取り除く問題は，次の組み合わせ最適化問題として定式化できる。

$$
\begin{aligned}
\underset{W}{\text{maximize}} \quad & \sum_{i=1}^n W_i \\
\text{subject to} \quad & \|W^T \mathbb{S}\|_2 \leq \epsilon \\
& W \in \{0, 1\}^n
\end{aligned}
\tag{14}
$$

ここで，W が最適化する対象であり，W_i が 1 ならばサンプル x_i が剪定対象となり，0 ならば保持される。なお，剪定するサンプルの数があらかじめ決められている場合は，それを条件として，剪定されるサンプルによる影響の総和 $\|W^T \mathbb{S}\|_2$ を最小化することになる。解法には焼きなまし法を用いる。

性能評価では，データ剪定の割合が小さい場合はスコアベースの手法と同等程度だが，割合が大きくなると他手法に比べて高いデータ剪定性能を示している。たとえば，CIFAR-10 で 80% のデータを剪定する場合でも 88% 以上の精度を維持しており，他手法に比べて 1〜2 ポイントほど高くなっている。

(4) ニューラルスケーリング則との関係

データ剪定の理論解析として興味深いものに，Sorscher らが示したニューラルスケーリング則（neural scaling law）との関係 [79] がある。ニューラルス

ケーリング則 [86] によれば，データセットのサイズを大きくするほどモデルの性能は改善するが，これはべき乗則に従っており，基本的に指数がほぼ 0 と小さいため，効率が悪い。つまり，わずかな性能改善を得るために大量のサンプルを追加しなければならない。

これに対し，Sorscher らは，データ剪定によってデータセットの冗長性を削減することで，効率が悪いべき乗則スケーリングを指数スケーリングへと改善できることを理論的に導出し，その正しさを実験的にも確認した。また，以下のような解析および実験結果も提示している。

- データ剪定の最適な戦略は初期のデータセットサイズに依存し，サイズが小さいデータセットならば簡単なサンプルを，サイズが大きいデータセットならば難しいサンプルを残すべきである
- （CIFAR-10/100 などで評価されることが多い）既存のデータ剪定手法の大半は，ImageNet の規模では論文で報告されているようなデータ剪定性能は得られない（無視できないレベルでモデルの性能が低下する）
- 学習済みモデルで抽出した特徴量をクラスタリングするというシンプルな教師なし手法でも，既存手法の最高性能に匹敵するデータ剪定が可能である

Sorscher らの業績は NeurIPS 2022 において Outstanding Paper に選ばれており，これを契機とし，提示された課題への対処も含めて今後ますますデータ剪定に関する研究が発展していくことが期待される。

3.3 まとめ

本節では，データセットの改善と関連が深い学術分野として，低品質なサンプルの特定という観点からロバスト学習を，また，冗長なサンプルの特定という観点からデータ剪定を取り上げて解説した。より深く知るための文献としては，ロバスト学習については，主にラベルに対するノイズへの対処を扱ったサーベイ [87, 74] や，外れ値や敵対的攻撃，Non-IID（non-independent and identically distributed）なデータへの対処も含むより広範なサーベイ [88] などがある。データ剪定については，コアセット選択についてのサーベイ [29] や，インスタンス選定についてのサーベイ [81] などが参考になるだろう。また，データセット蒸留（dataset distillation）[89, 90] と呼ばれる比較的新しい分野も関連が深い。これは，元の大きなデータセットから少数の合成サンプルを作り出すことで，大幅にデータセットのサイズを削減する技術[31]であり，MNIST では 60,000 枚から 10 枚（各クラス 1 枚）にまでサイズを削減しつつモデル性能を維持できており，今後のさらなる発展が期待される。

31) 大きなモデルの知識を利用して，それに匹敵する性能をもつ小さなモデルを得るモデル蒸留のデータセット版である。

　一般的に，ある分野が発展していくためには，性能評価のための統一的なプロトコルを定めて手法間の比較を行い，どの手法がどれだけ優れているかを再現性のある形で示すことが重要となる。2 節や 3 節で取り上げてきたさまざまな学術分野においても，それぞれである程度統一されたプロトコルに沿って性能評価が行われてきた。しかし，DCAI という観点では，そこで使われる技術の分野を限定することなく，より横断的かつ DCAI に特化した形で評価することが望ましい。そこで，本節では，DCAI の性能評価のために提案されたベンチマーク，およびそれを使ったコンペティションについて紹介する。

4.1　Data-Centric AI Competition

　Data-Centric AI Competition [91] は，DCAI の提唱者である Andrew Ng 氏により 2021 年 6 月から 9 月まで開催された，画像分類モデルの性能をデータセットの改善によって高めるというテーマのコンペティションである。主なルールは以下のとおりである。

- 与えられるデータセットは，手書きのローマ数字画像 2,880 枚（ラベルは 1 から 10 の 10 種類）
- 分類モデル（ResNet-50）や学習スクリプトは固定であり，参加者はデータセットのみを変更して提出する
- 提出できるデータセットのサイズは 10,000 枚まで
- 提出するデータセットには，学習データセットのほか，検証データセットも含める
- データセットを提出すると学習データセットでモデルが学習され，検証データセットで最高の精度を示したチェックポイントを使って，テストデータでの評価が行われる（テストデータは参加者に非開示）

　コンペティションで提供されたデータセットに含まれるサンプルの例を図 15 に示す。コンペティションの性質上，図 (b) に示すような，画像のノイズやラベルの誤りなど品質に問題のあるサンプルが多く含まれている。

　このコンペティションでは，基本的に参加者の順位は，提出されたデータセットで学習したモデルのテストデータに対する精度で決まるが，手法の斬新さも評価された。以下では，それぞれの観点で高い評価を得た上位参加者の手法を紹介する。

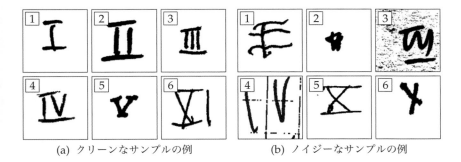

(a) クリーンなサンプルの例　　　　(b) ノイジーなサンプルの例

図 15　Data-Centric AI Competition で与えられたデータセットの画像例。各画像の左上に示した数字が付与されたラベルである。

4.1.1　モデルの精度での評価

コンペティションで与えられたデータセットをそのまま使った場合の精度は 64.42% であるのに対し，1 位となった Roy らの手法 [92] の精度は 85.83% であり，20 ポイント以上の改善が得られている。この手法は，大きくデータ拡張とデータクレンジングに分けられる。データ拡張では，画像を文字領域（前景）とそれ以外の領域（背景）に分離し[32]，異なる画像から得られた前景と背景を組み合わせて新たな画像を作ることで，データセットの多様性を高めている。一方，データクレンジングでは各サンプルを目視し，ラベル誤りの修正や，類似サンプル，重複サンプルの削除などを行っている。

2 位以下の手法で用いられていたアプローチとしては，以下のようなものが挙げられる。

- 特徴量をクラスタリングし，サンプル数が少ないクラスタを重点的にデータ拡張する [93]
- 検証データセットからスコアの不確実性が高いサンプルを選び，学習データセットに加える [93]
- 複数モデルを用意してそれらの投票によって低品質なサンプルを特定する [94]

4.1.2　手法の斬新さでの評価

モデルの精度ではなく，手法の斬新さを評価されたものとして，Motamedi らの手法 [95] では，まず少数のサンプルを選んで目視することでクリーンなサンプルだけで構成される学習データセットを構築し，これを使って学習したモデルで残りのサンプルを推論する。このときの損失が大きいサンプルはノイジーである可能性が高いため，それらから少数のサンプルを取り出し，目視による

[32] これが具体的にどのようなアルゴリズムによるものなのかは，残念ながら十分に開示されていない。

クレンジングを行った上で学習データセットに加える。逆に損失が小さいサンプルは，クリーンであるとして同様に学習データセットに加え，再びモデルを学習する。このサイクルをすべてのサンプルが学習データセットに追加されるまで繰り返すことで，クリーンなサンプルのみで学習されたモデルを得ている。

　同様に繰り返し処理によって徐々にデータセットを改善していく手法として，Kuan ら [96] はデータ拡張によって 100 万枚の候補データセットを構築し，現在のモデルが検証データセットにおいて分類を誤ったサンプルと特徴空間で最も近いサンプルを候補データセットから探して，学習データセットに加えている。そして，モデルを再学習し，同様の処理をデータセットのサイズがルール上限の 10,000 枚に達するまで繰り返している。

　そのほかに，Bertens ら [97] は特徴量の分布を学習データセットと検証データセットのそれぞれで UMAP [98] により可視化し，これを目視することで学習データセットのうち検証データセットに含まれない領域を特定している。そして，特定した領域について，学習データセットから一部のサンプルを検証データセットに移すことで，学習・検証間の不一致の解消を図っている。

4.2　DataComp

　DataComp [99] は，Stable Diffusion [100] の学習に使われた LAION-2B（LAION-5B のサブセット）[101] を公開したことで知られる非営利団体 LAION が主催する，画像-テキストペアのデータセット作成に関するベンチマークである。フィルタリングトラックと BYOD（bring your own data）トラックの 2 つがあり，これらを使ったコンペティションが 2023 年 4 月から開催され，リーダーボードが公開されている [102]。

　フィルタリングトラックでは，参加者は CommonPool と呼ばれるデータセットのフィルタリングによって学習に効果的なサンプルを抽出する。CommonPool は，インターネット上のウェブサイトをクロールしてアーカイブしている Common Crawl [103] をもとに作られた，約 128 億の画像-テキストペアを含む超大規模なデータセットである[33]。また，BYOD トラックでは，参加者は CommonPool に縛られずに独自のデータセットを構築して提出する[34]。

　DataComp では，参加者が提出したデータセット（CommonPool からのフィルタリング結果，ないし独自データセット）で CLIP を学習し，画像分類や検索といった 38 種類のダウンストリームタスクを解くことで評価が行われる。ダウンストリームタスクでは，ImageNet や MS COCO といった他の公開データセットが使われており，各タスクにおける評価値の平均が，提出されたデータセットの最終的な評価値となる。なお，ダウンストリームタスクのそれぞれに対して個別の学習は行わず，すべて CLIP を使ったゼロショットで評価が行わ

[33] LAION-5B のサイズは約 58 億であるから，その 2 倍以上のサイズである。

[34] もちろん，このコンペティションの評価に使われるデータセットに存在するサンプルを含めることは禁止されているほか，いくつかの条件を満たす必要がある。

表4　DataComp におけるスケール（[99] より引用）

スケール	評価に使われる ViT のサイズ	CommonPool のサイズ
Small	ViT-B/32	12.8 M
Medium	ViT-B/32	128 M
Large	ViT-B/16	1.28 B
Xlarge	ViT-B/14	12.8 B

れる。

　DataComp の特徴として，手法の開発に必要とされる計算資源の大きさに応じて複数のスケールが用意されており，参加者が自由に選択できることが挙げられる。スケールには Small，Medium，Large，Xlarge があり，表4 に示すように，スケールに応じて CLIP の画像エンコーダとして使われる ViT のサイズが変わるほか，フィルタリングトラックであれば CommonPool のサイズも変わる（Xlarge 以外では CommonPool のサブセットが使われる）。

　また，DataComp では，事前に主催者らによって行われたシンプルな複数のベースライン手法の評価実験の結果が，300 種類以上の実験について報告されている [99]。たとえば，フィルタリングトラックにおけるベースライン手法としては，画像-テキストペアの双方から CLIP を使って特徴量を抽出し，両者のコサイン類似度が閾値を超えるサンプルだけを抽出する手法（CLIP スコアフィルタリング）や，特徴量に基づいて画像を 10 万個にクラスタリングし，それらの中から ImageNet に含まれる画像に近いクラスタだけを抽出する手法（画像ベースフィルタリング）などがある。この CLIP スコアフィルタリングと画像ベースフィルタリングの結果の積集合をとった約 14 億サンプルのデータセットは，特に DataComp-1B と呼ばれており，これを使って学習した CLIP は，約 23 億サンプルの LAION-2B を使って学習したものよりも性能が高いと報告されている。

4.3　DataPerf

　DataPerf [104] は，機械学習システムの性能を測るベンチマークとして有名な MLPerf [105] などを提供する業界団体である MLCommons による，DCAI のベンチマークである。DataPerf は以下の 5 つのタスクで構成されている。

- Selection for Speech
- Selection for Vision
- Debugging for Vision
- Data Acquisition
- Adversarial Nibbler

これらのタスクに対する第 1 回目のコンペティションが 2023 年 3 月から 7 月に行われ，リーダーボードが公開されている [106]。以下では，上記の 5 つから CV に関するタスクについて説明する。

4.3.1　Selection for Vision

このタスクでは，ラベルのない画像データセットが与えられ，そこから特定の物体に対する 2 値分類モデルを学習するためのサブセットを選ぶ。サブセットの大きさは最大 1,000 枚であり，このタスクにおける性能は，選択されたサブセットにラベルを付与して学習したモデルの F1 スコアで評価される。なお，ラベルなし画像データセットのほか，対象物体を含むことがわかっている 20 枚のポジティブ画像，およびすべての画像に対する Embedding も提供される。画像は Open Images Dataset V6 [107] の一部である。

4.3.2　Debugging for Vision

このタスクでは，クリーンな画像データセットに対して意図的にノイズを付加したデータセットが与えられ，これを使って 2 値分類モデルを学習する際にモデルへの悪影響が大きいと思われる順に各サンプルをランク付けする。もともとのクリーンなデータセットで学習したモデルの精度を acc_{clean} とすると，その 95% に達するまでにどれだけのサンプルを修正する必要があるかで，このタスクに対する性能が評価される。つまり，ランク上位の一定数のサンプルをクリーンなものに修正してモデルの学習と評価を行うことを，修正するサンプルの割合を増やしながら繰り返し，精度が $acc_{\text{clean}} \times 0.95$ となった時点での修正されたサンプルの割合が，このタスクの性能評価指標となる。

4.3.3　Data Acquisition

このタスクは NLP を対象としているが，CV にも通ずるものであるため紹介する。このタスクでは，あるマーケットプレイス内に存在する複数のデータ販売業者から，決められた予算内でできるだけモデルの学習に有効なデータを購入するための戦略を考える。各業者からは少数（＝ 5）のサンプル，データセットの統計値，価格が開示されている。このタスクで参加者に提出が求められるのは，どの業者からどれだけのサンプルを購入するかであり，実際にそのとおりに購入した場合のデータセットで学習が行われ，モデル性能が評価される。モデルはシンプルなロジスティック回帰である。タスクの性能評価指標は，モデルの分類精度と，どれだけ購入費用を節約できたか（当初予算に対する余った予算の割合）の重み付き和である。

このタスクでは，プロンプトから画像を生成する Text-to-Image モデルに対する攻撃に焦点を当て，現在一般的に実装されているフィルタをすり抜けるプロンプトを見つける。つまり，一見すると無害だが，暴力や性的描写などを含む有害な画像を生成させるプロンプトを見つける。タスクに対する性能は，プロンプトと生成画像を人間が確認し，攻撃の成功率やどれだけ多様な画像が生成できたかなどで評価される。

5 おわりに

本稿では，まず DCAI が注目を集めるきっかけとなった 2021 年の Andrew Ng 氏の講演の概要について述べた後，DCAI における取り組みの中からデータセットの拡大と改善という 2 つの大きなテーマにフォーカスし，前者については能動学習と疑似ラベリング，後者についてはロバスト学習とデータ剪定における代表的な手法を紹介した。

DCAI 自体は新しい技術分野ではなく，以前から AI 開発の現場で行われてきた取り組みに目を向けて，その体系化を促すために付けられた名前にすぎない。したがって，DCAI そのものを説明するというより，DCAI に関連すると思われる既存の学術分野から取捨選択して紹介する形になった。もちろん本稿だけですべてをカバーすることはできておらず，データセットのバイアスが大きく影響する AI の公平性の問題や，人間が直感的にデータを理解するための可視化技術，システムが利用できるデータの一部に人間の判断が含まれる Human-in-the-Loop の考え方なども，DCAI に大いに関連するであろう。DCAI に関するサーベイ [108]〜[113] や，オンラインで視聴できるマサチューセッツ工科大学の講義 [114] なども参照されたい。そのほかに，NeurIPS や ICML などの国際学会との併催ワークショップ [115, 116, 117] も，DCAI に関する学術的な取り組みの最先端を知るのに有用である。また，機械学習に関するジャーナルである Journal of Machine Learning Research [118] のファミリーに新たに Journal of Data-centric Machine Learning Research [119] が加わっている。本稿執筆時点ではまだ論文募集段階であり，刊行には至っていないが，今後の情報源として大いに期待できる。

一方で，すでに実際の開発現場で行われている取り組みを集めて，そこから得られた知見を再現性のある形で整理し，皆が実践できるようにしていくことも，非常に重要である。手前味噌で恐縮だが，筆者はさまざまな DCAI の取り組みを集め，共有することを目的としたコミュニティ（https://dcai-jp.connpass.com/）を運営しており，定期的な勉強会を開催している。本稿を通じて DCAI に興味

35) ご発表いただける方も募集
しております！

をもたれた方は，より現場に近い事例を知るための場として活用いただければ幸いである[35]。

本稿（および勉強会）を通じて読者の方々が獲得した知見が，DCAI の理解や実践に少しでも役立つことを願っている。

参考文献

[1] Jia Deng, Wei Dong, Richard Socher, Li-Jia Li, Kai Li, and Li Fei-Fei. ImageNet: A large-scale hierarchical image database. In *Conference on Computer Vision and Pattern Recognition (CVPR)*, 2009.

[2] Kaiming He, Xiangyu Zhang, Shaoqing Ren, and Jian Sun. Deep residual learning for image recognition. In *Conference on Computer Vision and Pattern Recognition (CVPR)*, 2016.

[3] Alexey Dosovitskiy, Lucas Beyer, Alexander Kolesnikov, Dirk Weissenborn, Xiaohua Zhai, Thomas Unterthiner, Mostafa Dehghani, Matthias Minderer, Georg Heigold, Sylvain Gelly, Jakob Uszkoreit, and Neil Houlsby. An image is worth 16x16 words: Transformers for image recognition at scale. In *International Conference on Learning Representations (ICLR)*, 2021.

[4] Andrew Ng. A chat with Andrew on MLOps: From model-centric to data-centric AI. https://www.youtube.com/watch?v=06-AZXmwHjo, 2021.

[5] 鈴木哲平. フカヨミ データ拡張. コンピュータビジョン最前線 Spring 2023. 共立出版, 2023.

[6] Burr Settles. *Active Learning Literature Survey*. Technical Report. University of Wisconsin-Madison Department of Computer Sciences, 2009.

[7] Yifan Fu, Xingquan Zhu, and Bin Li. A survey on instance selection for active learning. *Knowledge and Information Systems*, Vol. 35, No. 2, pp. 249–283, 2013.

[8] Pengzhen Ren, Yun Xiao, Xiaojun Chang, Po-Yao Huang, Zhihui Li, Brij B. Gupta, Xiaojiang Chen, and Xin Wang. A survey of deep active learning. *ACM Computing Surveys*, Vol. 54, No. 9, 2021.

[9] Samuel Budd, Emma C. Robinson, and Bernhard Kainz. A survey on active learning and human-in-the-loop deep learning for medical image analysis. *Medical Image Analysis*, Vol. 71, p. 102062, 2021.

[10] Xueying Zhan, Qingzhong Wang, Kuan-hao Huang, Haoyi Xiong, Dejing Dou, and Antoni B. Chan. A comparative survey of deep active learning. *arXiv preprint arXiv:2203.13450*, 2022.

[11] Peng Liu, Lizhe Wang, Rajiv Ranjan, Guojin He, and Lei Zhao. A survey on active deep learning: From model driven to data driven. *ACM Computing Surveys*, Vol. 54, No. 10s, 2022.

[12] David D. Lewis and Jason Catlett. Heterogeneous uncertainty sampling for supervised learning. In *International Conference on Machine Learning (ICML)*, 1994.

[13] Hieu T. Nguyen and Arnold Smeulders. Active learning using pre-clustering. In *International Conference on Machine Learning (ICML)*, 2004.

[14] Atsushi Fujii, Kentaro Inui, Takenobu Tokunaga, and Hozumi Tanaka. Selective sampling for example-based word sense disambiguation. *Computational Linguistics*, Vol. 24, No. 4, pp. 573–597, 1998.

[15] Burr Settles, Mark Craven, and Soumya Ray. Multiple-instance active learning. In *Advances in Neural Information Processing Systems (NeurIPS)*, 2007.

[16] Nicholas Roy and Andrew McCallum. Toward optimal active learning through sampling estimation of error reduction. In *International Conference on Machine Learning (ICML)*, 2001.

[17] H. Sebastian Seung, Manfred Opper, and Haim Sompolinsky. Query by committee. In *Annual Workshop on Computational Learning Theory*, 1992.

[18] Weiping Yu, Sijie Zhu, Taojiannan Yang, and Chen Chen. Consistency-based active learning for object detection. In *Conference on Computer Vision and Pattern Recognition (CVPR) Workshops*, 2022.

[19] Mingfei Gao, Zizhao Zhang, Guo Yu, Sercan Ö. Arık, Larry S. Davis, and Tomas Pfister. Consistency-based semi-supervised active learning: Towards minimizing labeling cost. In *European Conference on Computer Vision (ECCV)*, 2020.

[20] Ido Dagan and Sean P. Engelson. Committee-based sampling for training probabilistic classifiers. In *International Conference on Machine Learning (ICML)*, 1995.

[21] Andrew McCallum and Kamal Nigam. Employing EM and pool-based active learning for text classification. In *International Conference on Machine Learning (ICML)*, 1998.

[22] Burr Settles and Mark Craven. An analysis of active learning strategies for sequence labeling tasks. In *Conference on Empirical Methods in Natural Language Processing (EMNLP)*, 2008.

[23] Dan Wang and Yi Shang. A new active labeling method for deep learning. In *International Joint Conference on Neural Networks (IJCNN)*, 2014.

[24] Fedor Zhdanov. Diverse mini-batch active learning. *arXiv preprint arXiv:1901.05954*, 2019.

[25] Keze Wang, Dongyu Zhang, Ya Li, Ruimao Zhang, and Liang Lin. Cost-effective active learning for deep image classification. *IEEE Transactions on Circuits and Systems for Video Technology*, Vol. 27, No. 12, pp. 2591–2600, 2017.

[26] Yarin Gal and Zoubin Ghahramani. Bayesian convolutional neural networks with Bernoulli approximate variational inference. *arXiv preprint arXiv:1506.02158*, 2015.

[27] Yarin Gal, Riashat Islam, and Zoubin Ghahramani. Deep Bayesian active learning with image data. In *International Conference on Machine Learning (ICML)*, 2017.

[28] Meng Fang, Yuan Li, and Trevor Cohn. Learning how to active learn: A deep reinforcement learning approach. In *Conference on Empirical Methods in Natural Language Processing (EMNLP)*, 2017.

[29] Dan Feldman. Core-Sets: Updated survey. In Frédéric Ros and Serge Guillaume, editors, *Sampling Techniques for Supervised or Unsupervised Tasks*, pp. 23–44. Springer International Publishing, 2020.

[30] Ozan Sener and Silvio Savarese. Active learning for convolutional neural networks:

A core-set approach. In *International Conference on Learning Representations (ICLR)*, 2018.

[31] Sharat Agarwal, Himanshu Arora, Saket Anand, and Chetan Arora. Contextual diversity for active learning. In *European Conference on Computer Vision (ECCV)*, 2020.

[32] Karen Simonyan and Andrew Zisserman. Very deep convolutional networks for large-scale image recognition. In *International Conference on Learning Representations (ICLR)*, 2015.

[33] Alex Krizhevsky. Learning multiple layers of features from tiny images. 2009.

[34] Jordan T. Ash, Chicheng Zhang, Akshay Krishnamurthy, John Langford, and Alekh Agarwal. Deep batch active learning by diverse, uncertain gradient lower bounds. In *International Conference on Learning Representations (ICLR)*, 2020.

[35] David Arthur and Sergei Vassilvitskii. K-Means++: The advantages of careful seeding. In *Annual ACM-SIAM Symposium on Discrete Algorithms*, 2007.

[36] Amin Parvaneh, Ehsan Abbasnejad, Damien Teney, Gholamreza R. Haffari, Anton van den Hengel, and Javen Q. Shi. Active learning by feature mixing. In *Conference on Computer Vision and Pattern Recognition (CVPR)*, 2022.

[37] Wei Liu, Dragomir Anguelov, Dumitru Erhan, Christian Szegedy, Scott Reed, Cheng-Yang Fu, and Alexander C. Berg. SSD: Single shot multibox detector. In *European Conference on Computer Vision (ECCV)*, 2016.

[38] Soumya Roy, Asim Unmesh, and Vinay P. Namboodiri. Deep active learning for object detection. In *British Machine Vision Conference (BMVC)*, 2018.

[39] Mark Everingham, Luc Van Gool, Christopher K. I. Williams, John M. Winn, and Andrew Zisserman. The pascal visual object classes (VOC) challenge. *International Journal of Computer Vision*, Vol. 88, No. 2, pp. 303–338, 2010.

[40] Tsung-Yi Lin, Piotr Dollar, Ross Girshick, Kaiming He, Bharath Hariharan, and Serge Belongie. Feature pyramid networks for object detection. In *Conference on Computer Vision and Pattern Recognition (CVPR)*, 2017.

[41] Shaoqing Ren, Kaiming He, Ross Girshick, and Jian Sun. Faster R-CNN: Towards real-time object detection with region proposal networks. In *Advances in Neural Information Processing Systems (NeurIPS)*, 2015.

[42] Tsung-Yi Lin, Priya Goyal, Ross Girshick, Kaiming He, and Piotr Dollár. Focal loss for dense object detection. In *International Conference on Computer Vision (ICCV)*, 2017.

[43] Lin Yang, Yizhe Zhang, Jianxu Chen, Siyuan Zhang, and Danny Z. Chen. Suggestive annotation: A deep active learning framework for biomedical image segmentation. In *Medical Image Computing and Computer Assisted Intervention (MICCAI)*, 2017.

[44] Radek Mackowiak, Philip Lenz, Omair Ghori, Ferran Diego, Oliver Lange, and Carsten Rother. CEREALS: Cost-effective region-based active learning for semantic segmentation. In *British Machine Vision Conference (BMVC)*, 2018.

[45] Marius Cordts, Mohamed Omran, Sebastian Ramos, Timo Rehfeld, Markus Enzweiler, Rodrigo Benenson, Uwe Franke, Stefan Roth, and Bernt Schiele. The

cityscapes dataset for semantic urban scene understanding. In *Conference on Computer Vision and Pattern Recognition (CVPR)*, 2016.

[46] Dong-Hyun Lee. Pseudo-label : The simple and efficient semi-supervised learning method for deep neural networks. In *International Conference on Machine Learning (ICML) Workshop*, 2013.

[47] Jesper E. van Engelen and Holger H. Hoos. A survey on semi-supervised learning. *Machine Learning*, Vol. 109, No. 2, pp. 373–440, 2020.

[48] 郁青. フカヨミ 半教師あり学習. コンピュータビジョン最前線 Summer 2022. 共立出版, 2022.

[49] Xiangli Yang, Zixing Song, Irwin King, and Zenglin Xu. A survey on deep semi-supervised learning. *IEEE Transactions on Knowledge and Data Engineering*, Vol. 35, No. 9, pp. 8934–8954, 2023.

[50] Yves Grandvalet and Yoshua Bengio. *Entropy Regularization*, pp. 151–168. Semi-Supervised Learning. MIT Press, 2006.

[51] Laurens van der Maaten and Geoffrey Hinton. Visualizing data using t-SNE. *Journal of Machine Learning Research*, Vol. 9, No. 86, pp. 2579–2605, 2008.

[52] Eric Arazo, Diego Ortego, Paul Albert, Noel E. O'Connor, and Kevin McGuinness. Pseudo-labeling and confirmation bias in deep semi-supervised learning. In *International Joint Conference on Neural Networks (IJCNN)*, 2020.

[53] Hongyi Zhang, Moustapha Cisse, Yann N. Dauphin, and David Lopez-Paz. mixup: Beyond empirical risk minimization. In *International Conference on Learning Representations (ICLR)*, 2018.

[54] Paola Cascante-Bonilla, Fuwen Tan, Yanjun Qi, and Vicente Ordonez. Curriculum labeling: Revisiting pseudo-labeling for semi-supervised learning. In *AAAI Conference on Artificial Intelligence*, 2020.

[55] Philip Bachman, Ouais Alsharif, and Doina Precup. Learning with pseudo-ensembles. In *Advances in Neural Information Processing Systems (NeurIPS)*, 2014.

[56] Kihyuk Sohn, David Berthelot, Chun-Liang Li, Zizhao Zhang, Nicholas Carlini, Ekin D. Cubuk, Alex Kurakin, Han Zhang, and Colin Raffel. FixMatch: Simplifying semi-supervised learning with consistency and confidence. In *Advances in Neural Information Processing Systems (NeurIPS)*, 2020.

[57] Ekin D. Cubuk, Barret Zoph, Jon Shlens, and Quoc Le. RandAugment: Practical automated data augmentation with a reduced search space. In *Advances in Neural Information Processing Systems (NeurIPS)*, 2020.

[58] David Berthelot, Nicholas Carlini, Ekin D. Cubuk, Alex Kurakin, Kihyuk Sohn, Han Zhang, and Colin Raffel. ReMixMatch: Semi-supervised learning with distribution matching and augmentation anchoring. In *International Conference on Learning Representations (ICLR)*, 2020.

[59] Terrance DeVries and Graham W. Taylor. Improved regularization of convolutional neural networks with cutout. *arXiv preprint arXiv:1708.04552*, 2017.

[60] Ekin D. Cubuk, Barret Zoph, Dandelion Mane, Vijay Vasudevan, and Quoc V. Le. AutoAugment: Learning augmentation strategies from data. In *Conference on*

Computer Vision and Pattern Recognition (CVPR), 2019.

[61] Sergey Zagoruyko and Nikos Komodakis. Wide residual networks. In *British Machine Vision Conference (BMVC)*, 2016.

[62] David Berthelot, Nicholas Carlini, Ian Goodfellow, Avital Oliver, Nicolas Papernot, and Colin Raffel. MixMatch: A holistic approach to semi-supervised learning. In *Advances in Neural Information Processing Systems (NeurIPS)*, 2019.

[63] Kihyuk Sohn, Zizhao Zhang, Chun-Liang Li, Han Zhang, Chen-Yu Lee, and Tomas Pfister. A simple semi-supervised learning framework for object detection. *arXiv preprint arXiv:2005.04757*, 2020.

[64] Barret Zoph, Ekin D. Cubuk, Golnaz Ghiasi, Tsung-Yi Lin, Jonathon Shlens, and Quoc V. Le. Learning data augmentation strategies for object detection. In *European Conference on Computer Vision (ECCV)*, 2020.

[65] Tsung-Yi Lin, Michael Maire, Serge Belongie, James Hays, Pietro Perona, Deva Ramanan, Piotr Dollár, and C. Lawrence Zitnick. Microsoft COCO: Common objects in context. In *European Conference on Computer Vision (ECCV)*, 2014.

[66] Alec Radford, Jong Wook Kim, Chris Hallacy, Aditya Ramesh, Gabriel Goh, Sandhini Agarwal, Girish Sastry, Amanda Askell, Pamela Mishkin, Jack Clark, Gretchen Krueger, and Ilya Sutskever. Learning transferable visual models from natural language supervision. In *International Conference on Machine Learning (ICML)*, 2021.

[67] Chong Zhou, Chen Change Loy, and Bo Dai. Extract free dense labels from CLIP. In *European Conference on Computer Vision (ECCV)*, 2022.

[68] Liang-Chieh Chen, Yukun Zhu, George Papandreou, Florian Schroff, and Hartwig Adam. Encoder-decoder with atrous separable convolution for semantic image segmentation. In *European Conference on Computer Vision (ECCV)*, 2018.

[69] Jiarui Xu, Sifei Liu, Arash Vahdat, Wonmin Byeon, Xiaolong Wang, and Shalini De Mello. Open-vocabulary panoptic segmentation with text-to-image diffusion models. In *Conference on Computer Vision and Pattern Recognition (CVPR)*, 2023.

[70] Ravi T. Mullapudi, Fait Poms, William R. Mark, Deva Ramanan, and Kayvon Fatahalian. Learning rare category classifiers on a tight labeling budget. In *International Conference on Computer Vision (ICCV)*, 2021.

[71] Moloud Abdar, Farhad Pourpanah, Sadiq Hussain, Dana Rezazadegan, Li Liu, Mohammad Ghavamzadeh, Paul Fieguth, Xiaochun Cao, Abbas Khosravi, U. Rajendra Acharya, Vladimir Makarenkov, and Saeid Nahavandi. A review of uncertainty quantification in deep learning: Techniques, applications and challenges. *Information Fusion*, Vol. 76, pp. 243–297, 2021.

[72] Chiyuan Zhang, Samy Bengio, Moritz Hardt, Benjamin Recht, and Oriol Vinyals. Understanding deep learning requires rethinking generalization. In *International Conference on Learning Representations (ICLR)*, 2017.

[73] Curtis Northcutt, Lu Jiang, and Isaac Chuang. Confident learning: Estimating uncertainty in dataset labels. *Journal of Artificial Intelligence Research*, Vol. 70, pp. 1373–1411, 2021.

[74] Hwanjun Song, Minseok Kim, Dongmin Park, Yooju Shin, and Jae-Gil Lee. Learning

from noisy labels with deep neural networks: A survey. *IEEE Transactions on Neural Networks and Learning Systems*, pp. 1–19, 2022.

[75] Devansh Arpit, Stanisław Jastrzębski, Nicolas Ballas, David Krueger, Emmanuel Bengio, Maxinder S. Kanwal, Tegan Maharaj, Asja Fischer, Aaron Courville, Yoshua Bengio, and Simon Lacoste-Julien. A closer look at memorization in deep networks. In *International Conference on Machine Learning (ICML)*, 2017.

[76] Yanyao Shen and Sujay Sanghavi. Learning with bad training data via iterative trimmed loss minimization. In *International Conference on Machine Learning (ICML)*, 2019.

[77] Pengfei Chen, Ben Ben Liao, Guangyong Chen, and Shengyu Zhang. Understanding and utilizing deep neural networks trained with noisy labels. In *International Conference on Machine Learning (ICML)*, 2019.

[78] Hwanjun Song, Minseok Kim, Dongmin Park, Yooju Shin, and Jae-Gil Lee. Robust learning by self-transition for handling noisy labels. In *ACM SIGKDD Conference on Knowledge Discovery & Data Mining*, 2021.

[79] Ben Sorscher, Robert Geirhos, Shashank Shekhar, Surya Ganguli, and Ari S. Morcos. Beyond neural scaling laws: Beating power law scaling via data pruning. In *Advances in Neural Information Processing Systems (NeurIPS)*, 2022.

[80] Shuo Yang, Zeke Xie, Hanyu Peng, Min Xu, Mingming Sun, and Ping Li. Dataset pruning: Reducing training data by examining generalization influence. In *International Conference on Learning Representations (ICLR)*, 2023.

[81] J. Arturo Olvera-López, J. Ariel Carrasco-Ochoa, J. Francisco Martínez-Trinidad, and Josef Kittler. A review of instance selection methods. *Artificial Intelligence Review*, Vol. 34, No. 2, pp. 133–143, 2010.

[82] Mariya Toneva, Alessandro Sordoni, Remi T. des Combes, Adam Trischler, Yoshua Bengio, and Geoffrey J. Gordon. An empirical study of example forgetting during deep neural network learning. In *International Conference on Learning Representations (ICLR)*, 2019.

[83] Mansheej Paul, Surya Ganguli, and Gintare K. Dziugaite. Deep learning on a data diet: Finding important examples early in training. In *Advances in Neural Information Processing Systems (NeurIPS)*, 2021.

[84] Pang Wei Koh and Percy Liang. Understanding black-box predictions via influence functions. In *International Conference on Machine Learning (ICML)*, 2017.

[85] Naman Agarwal, Brian Bullins, and Elad Hazan. Second-order stochastic optimization for machine learning in linear time. *Journal of Machine Learning Research*, Vol. 18, No. 116, pp. 1–40, 2017.

[86] Xiaohua Zhai, Alexander Kolesnikov, Neil Houlsby, and Lucas Beyer. Scaling vision transformers. In *Conference on Computer Vision and Pattern Recognition (CVPR)*, 2022.

[87] Benoit Frenay and Michel Verleysen. Classification in the presence of label noise: A survey. *IEEE Transactions on Neural Networks and Learning Systems*, Vol. 25, No. 5, pp. 845–869, 2014.

[88] Xu-Yao Zhang, Cheng-Lin Liu, and Ching Y. Suen. Towards robust pattern recog-

nition: A review. *Proceedings of the IEEE*, Vol. 108, No. 6, pp. 894–922, 2020.

[89] Tongzhou Wang, Jun-Yan Zhu, Antonio Torralba, and Alexei A. Efros. Dataset distillation. *arXiv preprint arXiv:1811.10959*, 2018.

[90] Shiye Lei and Dacheng Tao. A comprehensive survey of dataset distillation. *arXiv preprint arXiv:2301.05603*, 2023.

[91] Data-centric AI competition. https://https-deeplearning-ai.github.io/data-centri c-comp, 2021.

[92] Divakar Roy. How I won the first data-centric AI competition: Divakar Roy. https: //www.deeplearning.ai/blog/data-centric-ai-competition-divakar-roy/, 2021.

[93] Shashank Deshpande, Chris Anderson, and Rob Walsh. How I won the first data-centric AI competition: Innotescus. https://www.deeplearning.ai/blog/data-cent ric-ai-competition-innotescus/, 2021.

[94] Asfandyar Azhar and Nidhish Shah. How I won the first data-centric AI competition: Synaptic-AnN. https://www.deeplearning.ai/blog/data-centric-ai-compet ition-synaptic-ann/, 2021.

[95] Mohammad Motamedi. How I won the first data-centric AI competition: Mohammad Motamedi. https://www.deeplearning.ai/blog/data-centric-ai-competition-mohammad-motamedi/, 2021.

[96] Johnson Kuan. How I won the first data-centric AI competition: Johnson Kuan. https://www.deeplearning.ai/blog/data-centric-ai-competition-johnson-kuan/, 2021.

[97] Roel Bertens, Marysia Winkels, and Rens Dimmendaal. How I won the first data-centric AI competition: GoDataDriven. https://www.deeplearning.ai/blog/data-centric-ai-competition-godatadriven/, 2021.

[98] Leland McInnes, John Healy, Nathaniel Saul, and Lukas Großberger. UMAP: Uniform manifold approximation and projection. *Journal of Open Source Software*, Vol. 3, No. 29, p. 861, 2018.

[99] Samir Y. Gadre, Gabriel Ilharco, Alex Fang, Jonathan Hayase, Georgios Smyrnis, Thao Nguyen, Ryan Marten, Mitchell Wortsman, Dhruba Ghosh, Jieyu Zhang, Eyal Orgad, Rahim Entezari, Giannis Daras, Sarah Pratt, Vivek Ramanujan, Yonatan Bitton, Kalyani Marathe, Stephen Mussmann, Richard Vencu, Mehdi Cherti, Ranjay Krishna, Pang Wei Koh, Olga Saukh, Alexander Ratner, Shuran Song, Hannaneh Hajishirzi, Ali Farhadi, Romain Beaumont, Sewoong Oh, Alex Dimakis, Jenia Jitsev, Yair Carmon, Vaishaal Shankar, and Ludwig Schmidt. DataComp: In search of the next generation of multimodal datasets. In *Advances in Neural Information Processing Systems (NeurIPS)*, 2023.

[100] Robin Rombach, Andreas Blattmann, Dominik Lorenz, Patrick Esser, and Björn Ommer. High-resolution image synthesis with latent diffusion models. In *Conference on Computer Vision and Pattern Recognition (CVPR)*, 2022.

[101] Christoph Schuhmann, Romain Beaumont, Richard Vencu, Cade W. Gordon, Ross Wightman, Mehdi Cherti, Theo Coombes, Aarush Katta, Clayton Mullis, Mitchell Wortsman, Patrick Schramowski, Srivatsa R. Kundurthy, Katherine Crowson, Lud-

wig Schmidt, Robert Kaczmarczyk, and Jenia Jitsev. LAION-5B: An open large-scale dataset for training next generation image-text models. In *Advances in Neural Information Processing Systems (NeurIPS)*, 2022.

[102] DataComp. https://www.datacomp.ai/.

[103] Common Crawl. https://commoncrawl.org/.

[104] Mark Mazumder, Colby Banbury, Xiaozhe Yao, Bojan Karlaš, William G. Rojas, Sudnya Diamos, Greg Diamos, Lynn He, Alicia Parrish, Hannah R. Kirk, Jessica Quaye, Charvi Rastogi, Douwe Kiela, David Jurado, David Kanter, Rafael Mosquera, Juan Ciro, Lora Aroyo, Bilge Acun, Lingjiao Chen, Mehul S. Raje, Max Bartolo, Sabri Eyuboglu, Amirata Ghorbani, Emmett Goodman, Oana Inel, Tariq Kane, Christine R. Kirkpatrick, Tzu-Sheng Kuo, Jonas Mueller, Tristan Thrush, Joaquin Vanschoren, Margaret Warren, Adina Williams, Serena Yeung, Newsha Ardalani, Praveen Paritosh, Ce Zhang, James Zou, Carole-Jean Wu, Cody Coleman, Andrew Ng, Peter Mattson, and Vijay J. Reddi. DataPerf: Benchmarks for data-centric AI development. In *Advances in Neural Information Processing Systems (NeurIPS)*, 2023.

[105] Peter Mattson, Vijay J. Reddi, Christine Cheng, Cody Coleman, Greg Diamos, David Kanter, Paulius Micikevicius, David Patterson, Guenther Schmuelling, Hanlin Tang, Gu-Yeon Wei, and Carole-Jean Wu. MLPerf: An industry standard benchmark suite for machine learning performance. *IEEE Micro*, Vol. 40, No. 2, pp. 8–16, 2020.

[106] DataPerf. https://www.dataperf.org/.

[107] Alina Kuznetsova, Hassan Rom, Neil Alldrin, Jasper Uijlings, Ivan Krasin, Jordi Pont-Tuset, Shahab Kamali, Stefan Popov, Matteo Malloci, Alexander Kolesnikov, Tom Duerig, and Vittorio Ferrari. The open images dataset V4. *International Journal of Computer Vision*, Vol. 128, No. 7, pp. 1956–1981, 2020.

[108] Daochen Zha, Zaid P. Bhat, Kwei-Herng Lai, Fan Yang, Zhimeng Jiang, Shaochen Zhong, and Xia Hu. Data-centric artificial intelligence: A survey. *arXiv preprint arXiv:2303.10158*, 2023.

[109] Daochen Zha, Zaid P. Bhat, Kwei-Herng Lai, Fan Yang, and Xia Hu. Data-centric AI: Perspectives and challenges. In *SIAM International Conference on Data Mining (SDM)*, 2023.

[110] Prerna Singh. Systematic review of data-centric approaches in artificial intelligence and machine learning. *Data Science and Management*, Vol. 6, No. 3, pp. 144–157, 2023.

[111] Steven E. Whang, Yuji Roh, Hwanjun Song, and Jae-Gil Lee. Data collection and quality challenges in deep learning: A data-centric AI perspective. *The VLDB Journal*, Vol. 32, No. 4, pp. 791–813, 2023.

[112] Johannes Jakubik, Michael Vössing, Niklas Kühl, Jannis Walk, and Gerhard Satzger. Data-centric artificial intelligence. *arXiv preprint arXiv:2212.11854*, 2022.

[113] Mohammad H. Jarrahi, Ali Memariani, and Shion Guha. The principles of data-centric AI. *Commun. ACM*, Vol. 66, No. 8, pp. 84–92, 2023.

[114] Introduction to data-centric AI. https://dcai.csail.mit.edu/.

[115] NeurIPS data-centric AI workshop. https://datacentricai.org/neurips21/, 2021.

[116] DataPerf: Benchmarking data for data-centric AI. https://sites.google.com/view/

dataperf2022?pli=1, 2022.

[117] Data-centric machine learning research workshop. https://dmlr.ai/, 2023.

[118] Journal of machine learning research. https://jmlr.org/.

[119] Journal of data-centric machine learning research. https://data.mlr.press/.

みやざわ かずゆき（GO 株式会社）

博士4年でも留学は遅くない！？

綱島秀樹・中村凌・上田樹

「コンピュータビジョン最前線」では，ジュニア編集委員として博士課程の上田，中村，綱島の3名が新たに参画しました。今回はジュニア編集委員初企画「ココカラ研究者紹介」として，研究者としてひた走る綱島の留学体験エピソードや研究を進める上での情報収集方法について，インタビュー形式で紹介します。

上田 今回は初のジュニア編集委員の企画ですから緊張しちゃいますね（笑）。

綱島 そうですね（笑）。気合い入れていきましょう！

上田 早速ですが，綱島さんのこれまでのキャリアと簡単な研究内容を教えていただけますか？

綱島 私は工学院大学工学部画像情報メディア研究室で学部と修士を出ていまして，学部では暗所での顔認証，修士ではGANの計算量削減を行っていました。博士課程は早稲田大学大学院先進理工学研究科の森島繁生研究室に進学し，博士1年では教師なし前景背景分離，博士2年では産総研リサーチアシスタントのテーマをメインとして仮想試着，博士3年から「視覚的コモンセンス」について扱う研究を始めました（図1～3）。

上田 こうしてみるとテーマがかなり変わっているようなのですが，何か一貫した筋みたいなものはあるのでしょうか？

綱島 すべての研究で生成モデルを扱っています。人間の運動機能を司る小脳は内部に生成モデルを保持しているとされており，まずは小脳から一貫して再現していこうと思って生成モデルを扱うことにしました。博士3年からは，人間の常識自体を扱うようなテーマに切り替えました。常識というと非常に曖昧な

◆生成モデルの計算コスト削減
　✓91%の行列計算を削減

MSE-method (Aguinaldo et al.)

AKDG (ours)

DALL-E 2 で生成

midjourney で生成

図1 綱島（修士1年時）の生成モデルの計算コスト削減の研究。綱島の提案手法のAKDGは既存手法のMSE-methodと比べ，ボヤけが少なくなった上に実画像に忠実な構図で生成が可能になっている。

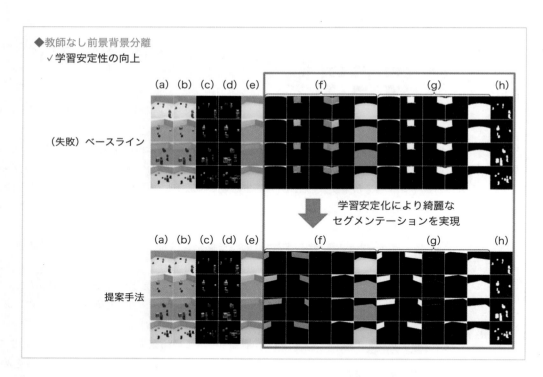

図2　綱島（博士1年時）の教師なし前景背景分離の研究。綱島は理論的に学習が不安定な問題を分析した上で，問題点を解決する損失関数を提案して学習を安定化させた。

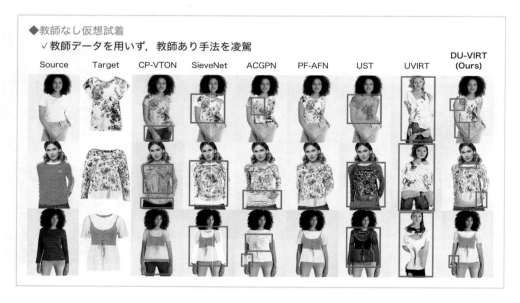

図3　綱島（博士2年時）の教師なし仮想試着の研究。綱島の提案手法 DU-VIRT は，既存の教師あり手法の CP-VTON や SieveNet を超えた品質を達成。

ものですが，視覚に特化した常識については「視覚的コモンセンス」として定義されています。この視覚的コモンセンスを，幼児の一人称視点成長動画を用いて獲得しようと試みています。

上田 やはり博士の方は一貫した筋を持って研究してらっしゃるんですね。続いて留学についてお伺いしていこうと思います。綱島さんはなぜ留学しようと思ったのでしょうか。

綱島 視覚的コモンセンスについて扱った研究者とのコネクションが，国内にはなかったためです。国内にいてもさまざまな研究者の方々のアドバイスのもと研究は進められていたのですが，視覚的コモンセンスを定義した先生のもとでさらなるレベルアップを図りたいと考えました。

上田 留学先は中国とのことでしたが，他に候補はあったのでしょうか？　また，留学先を選ぶ際の決め手は何でしたか？

綱島 最初はカーネギーメロン大学（CMU）のクリス木谷先生のところに行こうとしていたのですが，クリス先生の都合の関係で行けなくなってしまいました。その後に，マサチューセッツ工科大学（MIT）の認知心理学×ML の研究を多くおこなっているJoshua Tenenbaum 先生にコンタクトをとりましたが，こちらも私の研究に関連する枠は現在ないとのことで行けませんでした。そして最後に，北京大学の視覚的コモンセンス研究の始祖である Yixin Zhu 先生にコネクションが全くない状態で，「あなたの博士論文に基づいて私の研究が始まっており，あなたとぜひとも研究がしたい」と連絡して，留学が決定しました。最初の CMU 留学の話から１年近く行ける行けないの話があっちこっちにいっていたので，なかなか大変でした（笑）。ちなみに，今回の渡航はすべて自費で賄われているため，厳密には留学ではなく，研究遂行のための出張という形になっています。

上田 なかなか一筋縄ではいかずに苦労されていたんですね。機械学習の研究者で中国へ留学に行ったというエピソードはあまり聞きませんが，留学に行く前の懸念点等はありましたか？　また，語学の勉強はいつ始めたのでしょうか？

綱島 特に心配だったのが，日中関係悪化による治安問題とスパイ容疑の法案でしたね。留学直後に放射能汚染水問題もあったので，かなり緊張した状況が続いていました。しかし，蓋を開けてみると北京ではみなさんフレンドリーですし，北京大学にはたくさんの日本人留学生がいました。いまだに放射能汚染水問題について聞かれることは多いので，その時はどう返答したものかとやや緊張します（笑）。語学については，飛び立つ１ヶ月弱前から学び始めたので，現地の人とは全然会話できません。「英語は通じるだろ！」と来てみたのですが，北京大学の学生以外はほとんど英語でのコミュニケーションはとれません。ですが，１ヶ月くらい経ってみると，日常会話的なものは雰囲気で話せるようになってきて，一応問題なくなってきました。パッションで会話してます（笑）。研究室では基本英語で会話するので，特に支障はありません。

上田 事前知識が少ない環境な上に，心配事も多い中留学されたのはすごいですね。綱島さんの胆力を感じました（笑）。逆に，中国に留学している機械学習研究者が少ないからこそ，綱島さんの留学エピソードは貴重なものになると思います。中国へ実際に留学に行ってみて，学術文化・研究の進め方のギャップはありましたか？

綱島 特に大きな違いとして感じたことは，日本と比べて学術が非常に重要視されていることです。研究者への支援体制（金銭面のみならず，環境面も）だけでなく，優秀な人へは際限のない褒賞が与えられるということは，非常にモチベーションアップに繋がると思いました。たとえばですが，現在指導していただいている Yixin 先生のボスの Song-Chun Zhu 先生は中国で最も権威のあるコンピュータビジョン研究者の一人であり，学校内に Song-Chun Zhu 先生専用の伝統的で豪華な家・庭・お茶室などが完備されていました。また，北京大学の入試で優秀な成績をおさめた学生には専用の寮が用意され，図書館や生活設備などが完備されているようです。ちなみに入試成績１位の学生は，状元（じょうげん）と呼ばれるなどの，ゲームのランカー的な呼び名も存在するようです。

中国での研究の進め方としては，日本とそこまで差

異はないようにも思えました。Yixin 先生の研究室に限ったことかもしれませんが，トップ会議やトップジャーナルにバンバン採択されているのは，計算リソースが潤沢にあり，実験のフィードバックループが非常に速いことが要因かもしれません。まだ来て1ヶ月ほどなので，詳しくは理解できていません。

上田 日本とは結構違う制度もあるんですね。研究の進め方に大きな違いが見られなくともハイインパクトな論文が多く出版されるという点も興味深いですね。綱島さんの留学が終了したら，ぜひとも詳しい内容をブログ等で執筆していただきたいですね。

さて，現在研究を進めていく中で，日本に取り入れていきたい考え方などはありましたでしょうか。また，1日のスケジュールはどのような感じなのでしょうか。

綱島 中国へ来てからの1ヶ月の中でも特に良いと思ったのは，先生に研究の相談をする際に abstract, introduction, related work から構成された2ページの論文冒頭のような資料を提出してから議論をするという習慣です。自分の理解内容が整理できるだけでなく，相手にもシンプルに伝わるので，口頭での曖昧なディスカッションよりこちらのほうが良いと感じました。ただ，この方法は学部4年生などでは難しいところもありそうなので，修士以上でぜひとも採用したいと思いました。

スケジュールに関しては，おおむね自分の思い描いた研究ライフというような生活を送れています。朝から夜まで研究をしてジムに行き，家に帰って中国語の勉強をしています。近くにある食堂が美味しいので，それも中国で生活していく上で大きい点ですね（笑）。

上田 cvpaper.challenge にある1ページサマリーの論文版って感じなのですね。言われてみると，たしかに相談相手と本人の齟齬がかなり小さくなりそうです。スケジュールも理想的なものをこなせるということで，うらやましい限りです。僕も留学したくなってきました（笑）。続いて，少し内容は変わりますが，中国現地でのネットワーキングについて成功したこと，逆に難しいことなどはありますか。

綱島 研究者のネットワーキングという点では，あまりうまくいっていないと思います。研究室外にネットワークをつくるというのは，今のところできていません。ですが，今のところは研究を進めるという観点では全く問題なく，かなり順調だと思います。日常のコミュニケーションという点では日本人留学生をはじめとして，さまざまな国の留学生がかなりいるので，現地の人や留学生同士とのネットワーキングは成功したと思っています。ですが，私のつくり方は突然ガタイがいい人に「お前強そうだな！　ジム行こうぜ！」であったり，適当に絡みまくってつくっていっているところがあるので，再現性はないかもしれません（笑）。ただ，なるべく社交的にさまざまな人に接していけば，現地の人とのネットワーキングは成功すると思います。

上田 綱島さんらしいパワフルさですね（笑）。留学を考えている学生へのアドバイスはありますでしょうか。

綱島 現在はコロナ禍も収まりつつあり，海外にも行ける状況になってきていますので，修士であればM1，博士であればD1，D2など，なるべく早く留学に挑戦してみてください。というのも，修了が近くなると忙しいことも増えてくるためです。また，留学には1年前から応募するさまざまな奨学金があるので，早め早めに準備をしておくことが大事です。時間ができたら，とはみなさんよく言うと思いますが，時間は一生できないので気合いです。

中村 ここからは，中村が聞いていこうと思います。綱島さんはどのような媒体を使って研究の情報収集をしているのでしょうか。

綱島 基本的にタイムリーな情報はTwitter（現X）がメインですね。研究者の知り合いや，論文ツイートをする人の情報を拾ったりしています。自分のもろ研究に関連するところだと，Google 検索・Google Scholar・Perplexity AI を使って論文を探しています。

中村 たしかにTwitterは速報性が高く，便利ですよね！　綱島さんおすすめのアカウントがあれば教えてもらえますか？

綱島　一番フォローしておいたほうが良いと思うのは，特にハイインパクトそうな論文を毎日共有しているAKさん「@_akhaliq」，理論系論文紹介をしているPFNの岡野原さん「@hillbig」，生成モデルまわりについての興味深い動向を示した上で論文も紹介しているmi141さん「@mi141」です。このあたりが研究の情報収集という点では特に最近アツいんじゃないかなと思っています。

中村　僕もAKさんは重宝しています（笑）。論文が毎日大量にarXivに飛び出てくる時代には，ある程度フィルタリングされた情報じゃないと受け取りきれないですよね。

今回は綱島さんのキャリアと研究内容から始まり，留学体験記，情報収集方法についてお伺いしました。次刊以降のジュニア編集委員の新しい企画も楽しみにしていてください！

■奨学金情報
・奨学金検索サイトガクシー（https://gaxi.jp/）。こちらから海外留学向け奨学金を探せます。
・早稲田大学での海外留学に関する奨学金（https://www.waseda.jp/inst/cie/from-waseda/aid）。早稲田大学では，研究に関しての留学などは研究科から連絡がきたりします（こちらは年度によるので，研究室の指導教員または研究科に確認してみてください）。
・若手研究者海外挑戦プログラム（https://www.jsps.go.jp/j-abc/），海外特別研究員（https://www.jsps.go.jp/j-ab/）。どちらも日本学術振興会によるプログラムです。
・留学支援制度トビタテ（https://tobitate-mext.jasso.go.jp/）。

その他さまざまな支援制度がありますが，1年前（またはそれ以上前）から準備しなくてはいけないものがあるので注意してください。

綱島秀樹（早稲田大学）
テーマ・興味：視覚的コモンセンス，Embodied AI，発達心理学，深層生成モデル，表現学習，仮想試着，パーシステントホモロジー

中村　凌（福岡大学/産業技術総合研究所）
テーマ・興味：データ拡張，数式ドリブン教師あり学習，Weakly supervised object localization

上田　樹（筑波大学）
テーマ・興味：3次元再構成，特にNeRF，SLAM

CV イベントカレンダー

名　称	開催地	開催日程	投稿期限
『コンピュータビジョン最前線　Spring 2024』3/10 発売			
情報処理学会第 86 回全国大会 [国内] www.ipsj.or.jp/event/taikai/86/index.html	神奈川大学横浜キャンパス ＋オンライン	2024/3/15〜3/17	2024/1/12
3DV 2024（International Conference on 3D Vision）[国際] 3dvconf.github.io/2024	Davos, Swizerland	2024/3/18〜3/21	2023/8/7
ICASSP 2024（IEEE International Conference on Acoustics, Speech, and Signal Processing）[国際] 2024.ieeeicassp.org	Seoul, Korea	2024/4/14〜4/19	2023/9/6
AISTATS 2024（International Conference on Artificial Intelligence and Statistics）[国際] aistats.org/aistats2024/	Valencia, Spain	2024/5/2〜5/4	2023/10/16
ICLR 2024（International Conference on Learning Representations）[国際] iclr.cc	Vienna, Austria	2024/5/7〜5/11	2023/9/28
CHI 2024（ACM CHI Conference on Human Factors in Computing Systems）[国際] chi2024.acm.org	Honolulu, Hawaii ＋Online	2024/5/11〜5/16	2023/9/14
ICRA 2024（IEEE International Conference on Robotics and Automation）[国際] 2024.ieee-icra.org/index.html	Yokohama, Japan	2024/5/13〜5/17	2023/9/15
WWW 2024（ACM Web Conference）[国際] www2024.thewebconf.org	Singapore	2024/5/13〜5/17	2023/10/12
情報処理学会 CVIM 研究会/電子情報通信学会 PRMU 研究会 [連催，5 月度] [国内]	東京大学生産技術研究所 コンベンションホール	2024/5/15〜5/16	未定
SCI' 24（システム制御情報学会研究発表講演会）[国内] sci24.iscie.or.jp	大阪工業大学 梅田キャンパス	2024/5/24〜5/26	2024/4/10
JSAI2024（人工知能学会全国大会）[国内] www.ai-gakkai.or.jp/jsai2024	アクトシティ浜松 ＋オンライン	2024/5/28〜5/31	2024/2/12
『コンピュータビジョン最前線　Summer 2024』6/10 発売			
ICMR 2024（ACM International Conference on Multimedia Retrieval）[国際] icmr2024.org	Phuket, Thailand	2024/6/10〜6/13	2024/2/1
SSII2024（画像センシングシンポジウム）[国内]	パシフィコ横浜 ＋オンライン	2024/6/12〜6/14	2024/4/22
NAACL 2024（Annual Conference of the North American Chapter of the Association for Computational Linguistics）[国際] 2024.naacl.org	Mexico City, Mexico	2024/6/16〜6/21	2023/12/15

名　称	開催地	開催日程	投稿期限
CVPR 2024（IEEE/CVF International Conference on Computer Vision and Pattern Recognition）国際 cvpr.thecvf.com/Conferences/2024	Seattle, USA	2024/6/17〜6/21	2023/11/17
ICME 2024（IEEE International Conference on Multimedia and Expo）国際 2024.ieeeicme.org	Niagara Falls, Canada	2024/7/15〜7/19	2023/12/30
RSS 2024（Conference on Robotics: Science and Systems）国際 roboticsconference.org	Delft, Netherlands	2024/7/15〜7/19	2024/2/2
ICML 2024（International Conference on Machine Learning）国際 icml.cc	Vienna, Austria	2024/7/21〜7/27	2024/2/1
ICCP 2024（International Conference on Computational Photography）国際 iccp-conference.org/iccp2024	Lausanne, Switzerland	2024/7/22〜7/24	2024/3/22
SIGGRAPH 2024（Premier Conference and Exhibition on Computer Graphics and Interactive Techniques）国際	Denver, USA ＋Online	2024/7/28〜8/1	2024/1/24
IJCAI-24（International Joint Conference on Artificial Intelligence）国際 www.ijcai24.org	Jeju, South Korea	2024/8/3〜8/9	2024/1/17
MIRU2024（画像の認識・理解シンポジウム）国内 miru-committee.github.io/miru2024/	熊本城ホール	2024/8/6〜8/9	未定
ACL 2024（Annual Meeting of the Association for Computational Linguistics）国際 2024.aclweb.org	Bangkok, Thailand	2024/8/11〜8/16	2024/2/15
KDD 2024（ACM SIGKDD Conference on Knowledge Discovery and Data Mining）国際 kdd2024.kdd.org	Barcelona, Spain	2024/8/25〜8/29	2024/2/8
SICE 2024（SICE Annual Conference）国際	Kochi, Japan	2024/8/27〜8/30	2024/3/18
Interspeech 2024（Interspeech Conference）国際 interspeech2024.org	Kos Island, Greece	2024/9/1〜9/5	2024/3/2
FIT2024（情報科学技術フォーラム）国内 www.ipsj.or.jp/event/fit/fit2024/	広島工業大学 五日市キャンパス ＋オンライン	2024/9/4〜9/6	未定
『コンピュータビジョン最前線　Autumn 2024』9/10 発売			
CoRL 2024（Conference on Robot Learning）国際	Vancouver, Canada	2024/9/26〜9/27	2024/1/31
ECCV 2024（European Conference on Computer Vision）国際 eccv2024.ecva.net	Milano, Italy	2024/9/29〜10/4	2024/3/7

名　称	開催地	開催日程	投稿期限
UIST 2024（ACM Symposium on User Interface Software and Technology）国際 uist.acm.org/2024	Pittsburgh, PA, USA	2024/10/13〜10/16	2024/4/3
IROS 2024（IEEE/RSJ International Conference on Intelligent Robots and Systems）国際 iros2024-abudhabi.org	Abu Dhabi, UAE	2024/10/14〜10/18	2024/3/1
ISMAR 2024（IEEE International Symposium on Mixed and Augmented Reality）国際 www.ismar.net	Great Seattle Area, USA	2024/10/21〜10/25	T. B. D.
ICIP 2024（IEEE International Conference on Image Processing）国際 2024.ieeeicip.org	Abu Dhabi, UAE	2024/10/27〜10/30	2024/1/31
ACM MM 2024（ACM International Conference on Multimedia）国際 2024.acmmm.org	Melbourne, Australia	2024/10/28〜11/1	2024/4/12
IBIS2024（情報論的学習理論ワークショップ）国内	埼玉ソニックシティ	2024/11/4〜11/7	未定
情報処理学会 CVIM 研究会/電子情報通信学会 PRMU 研究会［DCC 研究会，CGVI 研究会と連催，11 月度］国内 ken.ieice.org/ken/program/index.php?tgid=IPSJ-CVIM	未定	2024/11 の範囲で未定	未定
ICPR 2024（International Conference on Pattern Recognition）国際 icpr2024.org	Kolkata, India	2024/12/1〜12/5	2024/3/20
SIGGRAPH Asia（ACM SIGGRAPH Conference and Exhibition on Computer Graphics and Interactive Techniques in Asia）国際 asia.siggraph.org/2024	Tokyo, Japan	2024/12/3〜12/6	T. B. D.
ACM MM Asia 2024（ACM Multimedia Asia）国際 www.acmmmasia.org	Auckland, New Zealand	2024/12/4〜12/6	2024/7/22
ViEW2024（ビジョン技術の実利用ワークショップ）国内 view.tc-iaip.org/view/2024	パシフィコ横浜	2024/12/5〜12/6	未定
NeurIPS 2023（Conference on Neural Information Processing Systems）国際 neurips.cc	Vancouver, Canada	2024/12/9〜12/15	T. B. D.
『コンピュータビジョン最前線　Winter 2024』12/10 発売			
情報処理学会 CVIM 研究会/電子情報通信学会 PRMU 研究会［電子情報通信学会 MVE 研究会/VR 学会 SIG-MR 研究会と連催，1 月度］国内 ken.ieice.org/ken/program/index.php?tgid=IPSJ-CVIM	未定	2025/1 の範囲で未定	未定

名 称	開催地	開催日程	投稿期限
情報処理学会 CVIM 研究会/電子情報通信学会 PRMU 研究会［IBISML 研究会と連催, 3 月度］国内 ken.ieice.org/ken/program/index.php?tgid=IPSJ-CVIM	未定	2025/3 の範囲で未定	未定
WACV 2024（IEEE/CVF Winter Conference on Applications of Computer Vision）国際	T. B. D.	T. B. D.	T. B. D.
AAAI-25（AAAI Conference on Artificial Intelligence）国際	T. B. D.	T. B. D.	T. B. D.
DIA2024（動的画像処理実利用化ワークショップ）国内	未定	未定	未定
電子情報通信学会 2024 年総合大会 国内	未定	未定	未定

2024 年 2 月 5 日現在の情報を記載しています。最新情報は掲載 URL よりご確認ください。また，投稿期限はすべて原稿の提出締切日です。多くの場合，概要や主題の締切は投稿期限の 1 週間程度前に設定されていますのでご注意ください。

Google カレンダーでも本カレンダーを公開しています。ぜひご利用ください。

tinyurl.com/bs98m7nb

ロット谷への降下

原作　佐武原
作画　なにゃ

佐武原 原作・なにゃ 作画／松井勇佑 編

（マンガ寄稿者募集中！　寄稿をご希望の方は東京大学松井勇佑〈matsui@hal.t.u-tokyo.ac.jp〉までご一報ください）

編集後記

今回の編集後記は，新たに参画したジュニア編集委員からのひとことです。斬新な記事づくりへ向けて，日々議論を重ねて盛り上がっております。次刊以降もお楽しみに！

「CV 最前線」のジュニア編集委員という新しい体制の初代として参画いたしました，綱島と申します。教科書よりも最先端を扱い，論文よりも体系的にまとめられているといういいとこ取りの特性を持つ「CV 最前線」において，毎シーズン見ていただいている皆さま方に新たな魅力を知っていただけるよう，新しい風を巻き起こしていく所存です。ジュニア編集委員初企画として，今までの硬派な部分もありつつフランクな雰囲気を持つ記事を本誌に加えました。学部生や院生の方々にもさらに手に取っていただけるように，ポップで砕けている挑戦的な記事も執筆していきますので，是非ともご期待ください！

綱島秀樹（早稲田大学）

「CV 最前線」ジュニア編集委員を務めることになりました，上田と申します。2021 年，本シリーズの創刊号を読んで，「これらのトピックの体系的な日本語記事がこのスピードで出るの

か！」と感激したのを覚えています。最先端の研究トピックの何がすごいのか，どう面白いのかを伝える「CV 最前線」の魅力を，学生など新しく研究を始める方々にも広める一助となれば幸いです。今回から加わりましたジュニア編集委員の面々と，若手目線で少しポップなコンテンツをつくっていきますので，読み手の皆さまともこの分野を盛り上げていければ嬉しいです。

上田　樹（筑波大学）

「CV 最前線」ジュニア編集委員を務めることになりました，中村です。普段は出版された本シリーズを見ていた立場ですが，いざジュニア編集委員になると良い 1 冊をつくるために多くの方が時間を捻出していることを知り，本シリーズの面白さは多くの方の支えにより成り立っているんだと感じております。私も本シリーズを面白くできるように努めていきたいと思います。将来的には，短い時間で良い仕事をするためのノウハウをまとめた「研究効率化 Tips」を企画したいと考えています。本シリーズに目を通した方の自由な時間が増え，目を通して良かったと思えるよう努めますので楽しみにしていただけると幸いです。

中村　凌（福岡大学／産業技術総合研究所）

次刊予告（Summer 2024／2024 年 6 月刊行予定）

巻頭言（黒橋禎夫）／イマドキノ LLM 構築（高瀬翔・清野舜・李凌寒）／イマドキノ Robot Learning（元田智大・中條亨一・牧原昂志）／イマドキノ 生成 AI の法律問題（水野祐）／フカヨミ 複数人の動作生成（田中幹大）／ニュウモン 自己教師あり学習（岡本直樹）／マンガ：タイトル未定

コンピュータビジョン最前線　Spring 2024

2024 年 3 月 10 日　初版 1 刷発行

編　　者　井尻善久・牛久祥孝・片岡裕雄・藤吉弘亘・延原章平
発 行 者　南條光章
発 行 所　**共立出版株式会社**
　　　　　〒112-0006　東京都文京区小日向 4-6-19　電話　03-3947-2511（代表）
　　　　　振替口座　00110-2-57035
　　　　　www.kyoritsu-pub.co.jp

本文制作　㈱グラベルロード
印　　刷　大日本法令印刷
製　　本

検印廃止
NDC 007.13
ISBN 978-4-320-12551-3

一般社団法人
自然科学書協会
会員

Printed in Japan

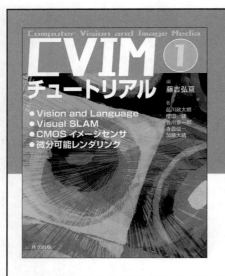

Computer Vision and Image Media

CVIM チュートリアル ①

電子版も発売！

藤吉弘亘編

B5変型判・240頁・定価3960円（税込）
ISBN978-4-320-12601-5

『コンピュータビジョン最前線』から
連載記事「ニュウモン」4本をピックアップ！

話題の技術・アルゴリズムを
原理から実装まで学べる！

第1章 Vision and Language／品川政太朗著

第2章 Visual SLAM／櫻田 健著

第3章 CMOSイメージセンサ／香川景一郎・寺西信一著

第4章 微分可能レンダリング／加藤大晴著

加筆修正のうえ単行本化！

共立出版

最適化アルゴリズム

Mykel J. Kochenderfer・
Tim A. Wheeler 著

岸本祥吾・島田直樹・清水翔司・
田中大毅・原田耕平・松岡勇気 訳

B5変型判・464頁・定価8250円（税込）
ISBN978-4-320-12492-9

実践的なアルゴリズムに焦点を当てた、最適化の包括的な入門書。

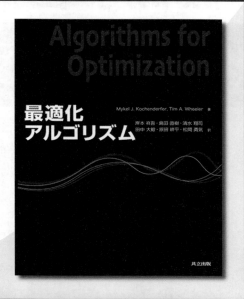

Algorithms for Optimization

Mykel J. Kochenderfer, Tim A. Wheeler 著

最適化アルゴリズム

岸本 祥吾・島田 直樹・清水 翔司
田中 大毅・原田 耕平・松岡 勇気 訳

共立出版

目次

www.kyoritsu-pub.co.jp

共立出版

（価格は変更される場合がございます）

Human-in-the-Loop 機械学習

人間参加型AIのための能動学習とアノテーション

Robert（Munro）Monarch 著

上田隼也・角野為耶・伊藤寛祥 訳

B5判・428頁・定価7260円（税込）
ISBN978-4-320-12574-2

Human-in-the-Loop機械学習（人間参加型AI）の活用により、効率よく高品質な学習データを作成し、機械学習モデルの品質とアノテーションのコストパフォーマンスを改善する方法を解説。

目次

www.kyoritsu-pub.co.jp　　　共立出版　　（価格は変更される場合がございます）